Wolfgang Fleischer
unter Mitarbeit von
Richard Eiermann

Die deutschen STURMGESCHÜTZE 1935-1945

Bildverzeichnis

Arndt (1), Bernd (2), BA (42), Carls (2), Doß (18), Eiermann (43), Elser (5), Fleischer (117), Flemming (1), Hoppe (8), Kesczcki (3), MHM (10), Rahne (1), Regeniter (15), Thiede (7), Wetzig (6).

Abbildung Schutzumschlag vorne: Sturmgeschütz in Lauerstellung (Tarnung entfernt), Ostfront 1944.

Rücktitel-Text

Englische Soldaten untersuchen ein abgeschossenes deutsches Sturmgeschütz, Westfront 1944.

Die Zeichnungen auf der Titelseite und dem Rücktitel fertigte Herr Jurga an.

Sämtliche Luftaufnahmen wurden freundlicherweise von der Luft-Bild-Datenbank Ing. Büro H. G. Carls Saalgasse 3-5, 97082 Würzburg Tel. 0931-450 1100, Fax 0931-450 11031 zur Verfügung gestellt.

PODZUN-PALLAS-VERLAG GmbH, 61200 Wölfersheim-Berstadt
Telefon 06036/9436, Fax 06036/6270

Verantwortlich für den Inhalt ist der Autor.

Druckerei: Kölle Druck GmbH, 32361 Preußisch-Oldendorf

ISBN: 3-7909-0588-7

Wolfgang Fleischer

Die deutschen STURMGESCHÜTZE 1935-1945

unter Mitarbeit von
Richard Eiermann

PODZUN-PALLAS

Ein Sturmartillerist der Sturmgeschützabteilung »Großdeutschland« während einer Gefechtspause. In einem viel stärkeren Umfang, als das bei den anderen Waffengattungen der Fall war, verbanden sich bei diesem Soldatentypus, Merkmale des Artilleristen, des Panzerführers und des Infanteristen - sicherlich eine Wurzel für die Erfolge der Sturmartillerie des deutschen Heeres im Zweiten Weltkrieg.

Inhalt

Zeitgenössische Illustration mit der Darstellung vom Einsatz der Sturmgeschütze aus dem Jahr 1942.

Vorwort

Das Sturmgeschütz war nicht nur dem Namen nach eine typisch deutsche Waffe. Es gehörte, obwohl bereits in der zweiten Hälfte der 30er Jahre entwickelt, im Zweiten Weltkrieg auf deutscher Seite zu den erfolgreichsten und charakteristischsten Waffen. Seine Nachahmung in den Armeen anderer Staaten bestätigte die Richtigkeit des zugrunde gelegten taktischen Konzeptes und war zugleich eine Referenz an die Erfolge der Sturmgeschützwaffe. Dennoch verschwanden diese Fahrzeuge in den Jahren nach dem Zweiten Weltkrieg wieder aus dem Bild der Streitkräfte, sieht man von einzelnen Entwicklungen und einer in der Fachpresse zeitweise recht heftig geführten Diskussion über den Wert und Unwert von Kasemattpanzern ab, denn um solche Fahrzeuge handelt es sich ja eigentlich bei den Sturmgeschützen.
Worin lagen die Ursachen für die besonderen Erfolge der Sturmgeschütze in der vergleichsweise kurzen Zeit ihres Daseins?
Auf der Suche nach Antworten soll zunächst an die historischen Wurzeln dieser Waffenentwicklung erinnert werden. Diese liegen im ausgehenden Mittelalter. In dieser Zeit erlangten Feuerwaffen im Militärwesen eine zunehmende Bedeutung. Bereits damals versuchten die Feldherrn mit der Feuerkraft der noch ungefügen Geschütze zu manövrieren, um so Vorteile auf dem Schlachtfeld und damit die Entscheidung zu erringen. Zunächst gelang die Verbindung von Feuerkraft und Beweglichkeit nur sehr unvollkommen. In der Regel waren die Geschütze zu schwer. Leichte Geschütze wie die ledernen sechspfündigen Kanonen des in schwedischen Diensten stehenden Obersten Wurmbrandt waren nicht sonderlich haltbar und ließen die erforderliche Feuerkraft vermissen. Zum Einsatz kamen sie u. a. im Jahr 1631 bei Leipzig.
Bereits 1656 wurden kleine, bewegliche Geschütze fester Bestandteil der Regimenter des kurbrandenburgischen Heeres. Rund 100 Jahre später ließ der preußische König Friedrich II., dessen Infanterie in den verlustreichen Feldzügen der drei schlesischen Kriege vieles von ihrer ursprünglichen Qualität eingebüßt hatte, in den Bataillonen leichte drei- und sechspfündige Kanonen mitführen. Seit den Tagen des großen Preußenkönigs galt der Grundsatz: Je schlechter die Infanterie desto wichtiger die Artillerie. Einer stärkeren Verwendung der Artillerie zur Unterstützung der Infanterie standen gewichtige Gründe entgegen. Neben der aufwendigen Prozedur zum Laden und Richten der Vorderladergeschütze im Angesicht des Feindes, war es immer wieder die mit einer solchen Waffe verbundene Zusammenballung von Menschen, Zugtieren und Material auf dem Schlachtfeld, die eine breitere Verwendung verhinderte. Hinzu kam bei der ungenügenden Schußweite von 800-1360 m (Kartätschen 320-480 m) und dem fehlenden Panzerschutz eine allzugroße Empfindlichkeit, auch gegen den Beschuß aus Infanteriewaffen. Prinzipiell blieben diese Gründe bis zum Beginn unseres Jahrhunderts bestehen und wurden von den Kritikern einer engeren Verbindung von Artillerie und Infanterie häufig geltend gemacht.

Im Ersten Weltkrieg 1914-1918 kam es wiederum zu einer Verwendung speziell konstruierter, leichter Geschütze, deren vornehmliche Aufgabe darin bestand, Maschinengewehrnester, die trotz intensiver Artillerievorbereitung nichts von ihrer Widerstandskraft eingebüßt hatten, im gezielten Einzelschuß niederzukämpfen. Das bedurfte der engen Zusammenarbeit mit der Infanterie. Die Geschütze mußten leicht sein, was zu Lasten der Waffenwirkung ging, aber der Beweglichkeit, die nach wie vor im Mannschafts- oder Pferdezug sichergestellt werden mußte, zuträglich war. Allein das stählerne Schutzschild bot der Bedienung einen nur unzureichenden Schutz vor der allenthalben spürbar gesteigerten Waffenwirkung auf dem Gefechtsfeld. So blieb auch diese Waffe ein Kompromiß. Im Gedächtnis der Zeitgenossen haften geblieben ist, der Begriff Sturmbegleitgeschütz. Hinzu kam die erneute Erkenntnis, sollte der Angriff der Infanterie in einem Zukunftskrieg gegen die in ihrer Wirkung um ein vielfaches gesteigerte Feuerfront der Abwehrkräfte in Fluß gehalten werden, bedurfte es der ständigen Unterstützung durch eine spezielle Artillerie. Daraus entstanden die Infanteriegeschütze, welche nach 1933 organisch zur Infanterie gehörten und im Regimentsverband zum Einsatz kamen.

In der Mitte der 30er Jahre fiel in Deutschland die Entscheidung zum Aufbau operativer Panzerverbände. Damit verbunden war eine stärkere Konzentration der begrenzt zur Verfügung stehenden Kräfte und Mittel auf deren Ausbau. Den Infanterieverbänden des Heeres droht Gefahr, zukünftig ohne jegliche Panzerunterstützung auskommen zu müssen, was zwangsläufig deren Fähigkeit zu Angriffshandlungen stark einschränken mußte. In diesem Bedingungsgefüge muß die intensive theoretische Diskussion, ausgetragen u. a. in der Fachpresse, bewertet werden. Den Höhepunkt in dieser Auseinandersetzung stellte eine Denkschrift des späteren Generalfeldmarschall Erich von Manstein dar, welcher sich 1935 an den Chef des Generalstabes und den Oberbefehlshaber des Heeres gewandt hatte. Darin wurde der Vorschlag unterbreitet, das Sturmbegleitgeschütz der Infanterie aus dem Ersten Weltkrieg, dem fortgeschrittenen Stand der Technik folgend, auf einer gepanzerten Selbstfahrlafette zur unmittelbaren Unterstützung der Infanterie einzusetzen. Die Entwicklung dieser Waffe, die in der Zuständigkeit der Artillerie verblieb, konnte trotz einer Reihe von Rückschlägen bis zum Beginn des Zweiten Weltkrieges abgeschlossen werden. Jede Division sollte eine Abteilung solcher Geschütze erhalten. Die Einsätze in den ersten Kriegsjahren bestätigten die Richtigkeit des Konzeptes. Der Bedarf an Sturmgeschützen stieg beständig, ohne daß alle Forderungen erfüllt werden konnten.

Einsatzerfahrungen, sich verändernde Einsatzbedingungen und die technische Weiterentwicklung hatten im Kriegsverlauf eine Vielzahl von Veränderungen in der Organisation der Gliederung und in den Einsatzgrundsätzen der Sturmgeschützwaffe zur Folge. Die gravierendste Veränderung vollzog sich infolge der Berührung mit einer übermächtigen russischen Panzertruppe an der Ostfront, der Wandel des Sturmgeschützes von einer Angriffswaffe der Infanterie zu einer der wichtigsten und erfolgreichsten Panzerabwehrwaffen überhaupt. Alle Bemühungen, dem Sturmgeschütz seinen ursprünglichen Charakter zurückzugeben, etwa durch die Bewaffnung mit einer 10,5-cm-Sturmhaubitze, scheiterten an einer Aufgabe - der Panzerabwehr.

Es fehlte 1943/44 nicht an Versuchen, im Sturmgeschütz ein Allheilmittel zur Aufrechterhaltung der brechenden Fronten zu sehen. Die Zuteilung von Sturmgeschützen an Panzer-und Panzerjägereinheiten war ein solcher, sicherlich aus der Not geborener Versuch. Er blieb erfolglos und konnte nichts daran ändern, daß die Sturmgeschütze als Waffen der Artillerie ihre größten Erfolge zu verzeichnen hatten.

Wichtige Anregungen und wertvolle Unterstützung bei der Bearbeitung dieses Themas erhielten die Autoren von den ehemaligen Angehörigen der Sturmartillerie, von denen stellvertretend Dr. Alfred Regeniter, Gerhard Doß und Gerd Albert genannt werden sollen. Ihnen gebührt herzlicher Dank. Umfangreiche Unterstützung kam von der Militärbibliothek Dresden und dem Militärarchiv Freiburg. Gedankt sei auch Gerhard Thiede für die Ausführung der Fotoarbeiten sowie Sonja Wetzig, die erneut in vielfältiger Form zum Gesamtergebnis beitrug.

Freital, im Herbst 1996

Wolfgang Fleischer
Richard Eiermann

Eine neue Waffe der Artillerie entsteht

Eine gute oder besser noch eine erfolgreiche Sache hat immer mehrere Väter. Es ist also nicht verwunderlich, daß, wenn es um die Entwicklung der Sturmgeschützwaffe geht, die Namen mehrerer bekannter deutscher Militärs genannt werden, die deren Entwicklung, an unterschiedlichen Stellen stehend und sicherlich aus verschiedenen Motiven heraus, auf den Weg gebracht haben. Für die Bewertung bleibt es letztlich unerheblich, ob der Oberst im Generalstab Erich von Manstein als Schöpfer dieser neuen Waffe bezeichnet wird, weil er schon 1935 dazu eine Denkschrift verfaßt hatte, oder ob man den Oberst im Generalstab Walter Model nennt, der als Leiter der (8.) Abteilung für technische Fragen im Generalstab des Heeres sicherlich Einfluß auf diese Entwicklung genommen hat. Ohne den Namen Sturmgeschütz ausdrücklich zu erwähnen, äußerte sich auch der Chef des Generalstabes, Generaloberst Ludwig Beck, am 30. Dezember 1935 in einer Denkschrift zu diesen Problemen. Ihr Titel lautete: »Erwägungen über die Erhöhung der Angriffskraft des Heeres«. Hinter all diesen Wortmeldungen stand letztlich die Frage: Wie kann angesichts gesteigerter Waffenwirkung der Abwehrkräfte, auf dem Gefechtsfeld die Fähigkeit der Infanterie zu Angriffshandlungen erhalten werden? Dieses Problem stellte sich zugespitzt dar, weil bereits abzusehen war, daß mit dem beschleunigten Ausbau der Kampfwagentruppe die Infanteriedivisionen des Heeres ohne jegliche Panzerunterstützung auskommen müßten. Panzerschutz fehlte auch den Infanteriegeschützen, die mittlerweile bei den 13. Kompanien der Infanterieregimenter zur Einführung kamen. Eine der vielen Antworten auf die Frage, wie die Stoßkraft der Infanterie erhalten werden könnte, bot sich ganz offensichtlich mit der Entwicklung spezieller Sturmgeschütze an, denen noch die Idee pferdebespannter Sturmbegleitgeschütze der Infanterie zugrunde lag. Panzerschutz und Motor-

Die gepanzerte Selbstfahrlafette für Sturmgeschütz 7,5-cm-Kanone. Die O-Serie besaß das Fahrgestell vom Panzerkampfwagen III (3,7-cm) (Sd.Kfz. 141), Ausf. B, in der Frontansicht an den beiden runden Wartungsluken im Wannenbug erkennbar. Fünf Fahrzeuge wurden hergestellt, sämtlich aus Weicheisen.

Ausbildung von Sturmartilleristen an Fahrzeugen der O-Serie beim Artillerie-Lehrregiment auf dem Truppenübungsplatz in Jüterbog.

kraft sollte dieser Waffe nun zu einer zeitgemäßen technischen und taktischen Vollendung verhelfen. Die höhere Feuerkraft einer mit der Unterstützung von Sturmgeschützen angreifenden Infanterie mußte, ihre richtige Verwendung vorausgesetzt, zwangsläufig eine stärkere Stoßkraft zur Folge haben. Der Vorschlag zur Entwicklung gepanzerter Sturmgeschütze fand die grundsätzliche Billigung des Generalstabschefs des Heeres. In weitergehenden Überlegungen äußerte sich von Manstein im Juni 1936 zum Charakter und zur zukünftigen Verwendung solcher Sturmgeschütze. Er schrieb: »Die Sturmartillerie (gleichgültig, ob sie die Form eines Kampfwagens trägt oder aus gepanzerten motorisierten Geschützen besteht) ist dagegen eine Hilfswaffe der normalen Infanteriedivision. Ihre Verwendung entspricht den Begleitbatterien des letzten Krieges...« Hauptaufgabe war die Unterstützung der Infanterie im Angriff. In der Verteidigung sollte die Sturmartillerie als ein Teil der Divisionsartillerie handeln, weshalb die Geschütze zum indirekten Schießen bis auf 7000 m Entfernung geeignet sein mußten. Ein Gedanke, der noch im Sommer 1940 in der Schrift »Die Sturmbatterie - Einsatz und Ausbildungsmöglichkeiten« zu finden war, im Kriegsverlauf jedoch schnell fallengelassen wurde. Bemerkenswert für diesen Zeitpunkt war die Feststellung von Mansteins: »Schließlich wird sie (die Sturmgeschützwaffe) ein vorzügliches Mittel offensiver Kampfwagen-Abwehr sein und hierin vielleicht die Divisions-Tankabwehrabteilung ersetzen können«. Ein tragfähiger Gedanke, der die technische und organisatorische Entwicklung der Sturmgeschütze in den folgenden Jahren maßgeblich mitbestimmen sollte.

Die sehr breit angelegte Aufgabenstellung für Sturmgeschütze erfuhr bis zum Beginn des Zweiten Weltkrieges keine wesentliche Eingrenzung. Praktische Erfahrungen aus einer intensiven Truppenerprobung lagen nicht vor. Dazu fehlten auch die materiellen Voraussetzungen. Bis zum September 1939 standen lediglich fünf Versuchssturmgeschütze auf dem Fahrgestell des Panzerkampfwagen III, Ausführung B (Typ 2/ZW) zur Verfügung, mit de-

Neben der gepanzerten Selbstfahrlafette für Sturmgeschütz 7,5-cm-Kanone ist ein leichter gepanzerter Munitions-Transportkraftwagen (Sd.Kfz. 252), hier ein Vorserienfahrzeug, an den Laufrollen erkennbar, vorgefahren. Auf dem Fahrzeug und dem Anhänger (Sd.Ah. 32) wurde ein Teil des Kampfsatzes für die 7,5-cm-Sturmkanone mitgeführt.

Übernahme der Munition für die gepanzerte Selbstfahrlafette im Rahmen einer Übung beim Artillerie-Lehrregiment.

Sorgsam erkundet der Geschützführer das Gefechtsfeld, um anschließend die im Hintergrund bereitstehende gepanzerte Selbstfahrlafette für 7,5-cm-Sturmkanone in die vorteilhafteste Feuerstellung einzuweisen. Aufnahme von einer Übung beim Artillerie-Lehrregiment auf dem Truppenübungsplatz Jüterbog.

ren Herstellung 1937 begonnen worden war. Sie hatten eine Panzerkasematte aus Flußeisen und waren damit nicht für den Fronteinsatz zu gebrauchen. Die Fahrzeuge fanden an der Sturmartillerieschule in Jüterbog für Ausbildungszwecke Verwendung.

Von der gepanzerten Selbstfahrlafette für Sturmgeschütz 7,5-cm-Kanone, Ausführung A, so die umständliche Bezeichnung für die ersten serienmäßig gefertigten Sturmgeschütze III, waren 30 Stück vom Heereswaffenamt (HWA) auf dem 5/ZW-Fahrgestell (Panzerkampfwagen III, Ausführung E) bestellt worden. Der Auftrag konnte auf 40 Fahrzeuge erweitert werden, die bis zum Mai 1940 zur Auslieferung kamen. Die Abzweigung von Panzerkampfwagen III-Fahrgestellen für die Sturmgeschützfertigung wurde von der Panzertruppe natürlich mit Vorbehalten zur Kenntnis genommen. Dieser Typ war neben dem Panzerkampfwagen IV als Hauptausstattung in den Panzerabteilungen vorgesehen, ein Ziel, dessen Verwirklichung noch in weiter Ferne lag. Am 10. Mai 1940, der Tag, an dem der Feldzug gegen Frankreich begann, waren nur 349 Panzerkampfwagen III verfügbar. Reserven gab es faktisch nicht. Die militärischen Forderungen an ein Sturmgeschütz machten es andererseits unumgänglich, auf ein Fahrgestell von der Geräumigkeit und Leistungsfähigkeit zurückzugreifen, wie es mit dem für den Panzerkampfwagen III bereits zur Verfügung stand. Wesentliche Merkmale der Forderungen waren:

1. Das Fahrgestell mußte eine stabile Schießplattform für ein Geschütz darstellen, das Ziele vornehmlich im direkten Richten und innerhalb kurzer Zeit erfolgreich bekämpfen konnte.
2. Die Wirkung des Einzelschusses durfte nicht unter den Leistungen der Infanteriegeschütze aus dem Ersten Weltkrieg liegen. Hier fiel die Entscheidung zugunsten einer Abart der 7,5-cm-KWK 37 L/24, die sich bereits für den Panzerkampfwagen IV in der Fertigung befand und nun als Sturmkanone auf einem Sockel in der Sturmgeschützwanne gelagert wurde.
3. Die Beweglichkeit des Sturmgeschützes sollte es ermöglichen, der Infanterie auch in schwerem Gelände zu folgen. Dafür wur-

Im Januar 1940 wurde ein Sturmgeschütz der Ausführung A ausgeliefert. Im Februar folgten 3 und im März weitere 6 Fahrzeuge. Mit diesen wenigen Fahrzeugen wurde noch unter winterlichen Bedingungen die technische und taktische Ausbildung der Besatzungen auf dem Truppenübungsplatz Jüterbog forciert. Die ersten selbständigen Sturmgeschützbatterien kamen zur Aufstellung.

Fahrerausbildung im März 1940. Der 300 PS-Maybach-Motor verlieh der 19,6 Tonnen schweren Selbstfahrlafette eine maximale Geschwindigkeit von 40 km/h. Die Geländegängigkeit unter widrigen Bodenverhältnissen übertraf die herkömmlicher, mit Pferden fortbewegter Infanterie-Begleitgeschütze um ein Vielfaches.

Feuerkraft und Beweglichkeit waren in Verbindung mit der geringen Fahrzeughöhe und der Panzerung wesentliche Merkmale dieser neuen Waffe, die im Frankreichfeldzug 1940 eine erste Bewährungsprobe zu bestehen hatte.

den ausreichende Leistungsreserven gefordert.

4. Als Hilfswaffe der Infanterie war das Sturmgeschütz an deren Angriffsgeschwindigkeit gebunden und in viel stärkerem Maße, als das bei den Panzerkampfwagen zutraf, dem Beschuß aus panzerbrechenden Waffen ausgesetzt. Aus diesem Grund mußte die Panzerung so ausgelegt werden, daß sie Schutz vor panzerbrechender Munition bis zu einem Kaliber von 3,7 cm bot.
5. Der Aufzug des Sturmgeschützes sollte möglichst niedrig sein und die Größe eines aufrecht gehenden Infanteristen nicht überragen.
6. Trotzdem mußte der Innenraum groß genug dimensioniert werden, um der vierköpfigen Besatzung, insbesondere aber dem Geschützführer und den beiden Kanonieren ausreichend Platz zur Bedienung der 7,5-cm-Sturmkanone zu geben.

Wesentliche Forderungen wurden mit der Auslegung des Sturmgeschützes als Kasemattpanzer erfüllt.

Das Rohr des Sturmgeschützes 7,5-cm-Kanone (Stu G 7,5-cm-K) war 1307,5 mm lang (=L/24); die gesamte Waffe wog 490 kg, besaß ein Seitenrichtfeld von 24 Grad und konnte nach der Höhe zwischen minus 10 und plus 20 Grad gerichtet werden. Als Richtmittel diente zunächst das Rundblickfernrohr 32 für Stu G 7,5-cm-K (4 x 10 Grad). Zum Verschuß kam Munition, die auch für die fast baugleiche Kampfwagenkanone IV eingeführt worden war. An erster Stelle ist hier für das Sturmgeschütz die 7,5-cm-Granatpatrone zu nennen, deren 5,74 kg schweres Sprenggeschoß bei geringer Erhöhung bis 1000 m weit flog, und bei 20 Grad Erhöhung Ziele in 6200 m Entfernung erreichte (Flugzeit 23,5 s). Daneben gab es zwei Ausführungen von 7,5-cm-Nebelgranatpatronen, die vor allem zum Blenden von Widerstandsnestern verwendet wurden.

Um Aufgaben im Sinne der von Manstein'schen Forderung als »vorzügliches Mittel offensiver Kampfwagen-Abwehr...« zu erfüllen, stand zunächst nur die 7,5-cm-Kanonengranate Panzer rot zur Verfügung,

Wegen der geringen Rohrlänge hat man die 7,5-cm-Sturmkanone häufig als »Stummelkanone« bezeichnet. Schon frühzeitig war die Bewaffnung mit einer Langrohrkanone in die Wege geleitet worden. Ein erstes Versuchsmuster der Panzerselbstfahrlafette III mit einer 7,5-cm-Kanone L/41 sollte im Mai 1940 vorgestellt werden.

Gepanzerte Selbstfahrlafetten der Sturmgeschützbatterie 640 beim Infanterieregiment (mot) »Großdeutschland« im Mai 1940 während des Westfeldzuges. Sie bildete als 16. (Sturmgeschütz-) Kompanie des Regimentes zusammen mit der Sturmgeschützabteilung 192 den Grundstock zur späteren Aufstellung der Sturmgeschützabteilung »Großdeutschland«.

deren Durchschlagleistung gegen Panzerstahl aber gering war. Sie erreichte auf 100 m 41 mm und auf 1000 m 34 mm Panzerstahl. Bessere Aussichten zur erfolgreichen Panzerbekämpfung boten sich mit der Einführung der 7,5-cm-Granate 38 an, die ab Juni 1940 zur Verfügung stand. Das Hohlladungsgeschoß wog 4,50 kg, hatte eine Anfangsgeschwindigkeit von 452 m/s und konnte gegen gepanzerte Ziele in Entfernungen bis 1200 m zum Einsatz gebracht werden. 40 mm Panzerstahl wurden, unabhangig von der Entfernung, durchschlagen.

Zur Bekämpfung lebender Ziele bis 200 m gab es die 7,5-cm-Kartätschenpatrone KWK. Sie wurde schußfertig geliefert. Ihre Hülle ist bereits beim Abschuß im Rohr zertrümmert worden. Eine Treibscheibe schleuderte dabei rund 240 Bleikugeln in einem Streuwinkel von 15 Grad aus dem Rohr. Insgesamt umfaßte der Munitionsvorrat eines Sturmgeschützes 44 Schuß, wovon der größte Anteil auf die Sprengmunition entfiel.

Nach dem Überblick über den Rüstungsstand des Heeres waren bis zum 1. März 1940 neun 7,5-cm-Sturmkanonen in Selbstfahrlafetten auf dem 5/ZW-Fahrgestell zum Einbau gelangt. Der Bestand an fertigen Sturmgeschützen erhöhte sich bis Ende März 1940 auf 11 Fahrzeuge. Dazu müssen die nicht feldverwendungsfähigen Sturmgeschütze auf 2/ZW-Fahrgestellen gezählt werden. Die geringen Ausstoßzahlen verminderten natürlich das Tempo des Aufbaus der Sturmgeschützwaffe, deren zahlenmäßige Stärke weit hinter der ursprünglichen Planung zurückblieb. Danach sollte jede Infanteriedivision des Heeres, späterhin auch die Reservedivision mit einer Sturmgeschützabteilung zu drei Batterien mit je sechs Sturmgeschützen ausgestattet werden. Im Mai 1940 waren einschließlich der Reservedivisionen über 150 Infanterie- und Gebirgsjägerdivisionen verfügbar. Dafür hätten über 1700 Sturmgeschütze bereitgestellt werden müssen. Demgegenüber konnten in der ersten Hälfte des Jahres 1940 beim Artillerie-Lehrregiment in Jüterbog nur sechs Sturmgeschützbatterien nach dem Kriegsstärkenachweis 445 aufgestellt werden. Sechs Sturmgeschütze gehörten zu einer Batterie. Von den in Aufstellung befindlichen Sturmgeschützbatterien waren zu Beginn des Frankreichfeldzuges am 10. Mai 1940 drei ver-

Die Fertigung einer zweiten Serie gepanzerter Selbstfahrlafetten für Sturmgeschütz 7,5-cm-Kanone lief bei Alkett im Juni 1940 mit 12 Stück an. Bis zum Winterbeginn des Jahres war die Erhöhung des monatlichen Solls auf 36 Einheiten vorgesehen. Im Bild die Bereitstellung von Panzerwannen.

Die Montage von Sturmgeschützen erfolgte zum Teil gemeinsam mit Panzerkampfwagen III. Schwierigkeiten bei der Wannenfertigung der Zulieferer zwangen Alkett im Juni 1940 acht Panzerkampfwagen III-Wannen für die Sturmgeschützfertigung zu verwenden. Die Bugbleche wurden durch aufgeschraubte, 20 cm starke Bleche auf die übliche Dicke von 50 mm gebracht.

Im September 1940 wurden 24 Sturmgeschütze III hergestellt (Soll 24).

Das Aufziehen der Kette im Zuge der Endmontage. Zunächst kam eine 360 mm breite Gleiskette zur Verwendung, die durch die Kgs 61/400/120 mit 400 mm Breite ersetzt wurde. Dadurch konnte der Verschleiß an Gummibandagen für die Doppellaufrollen vermindert werden.

Die Sturm-Batterie (nach K.St.N.445) 1939

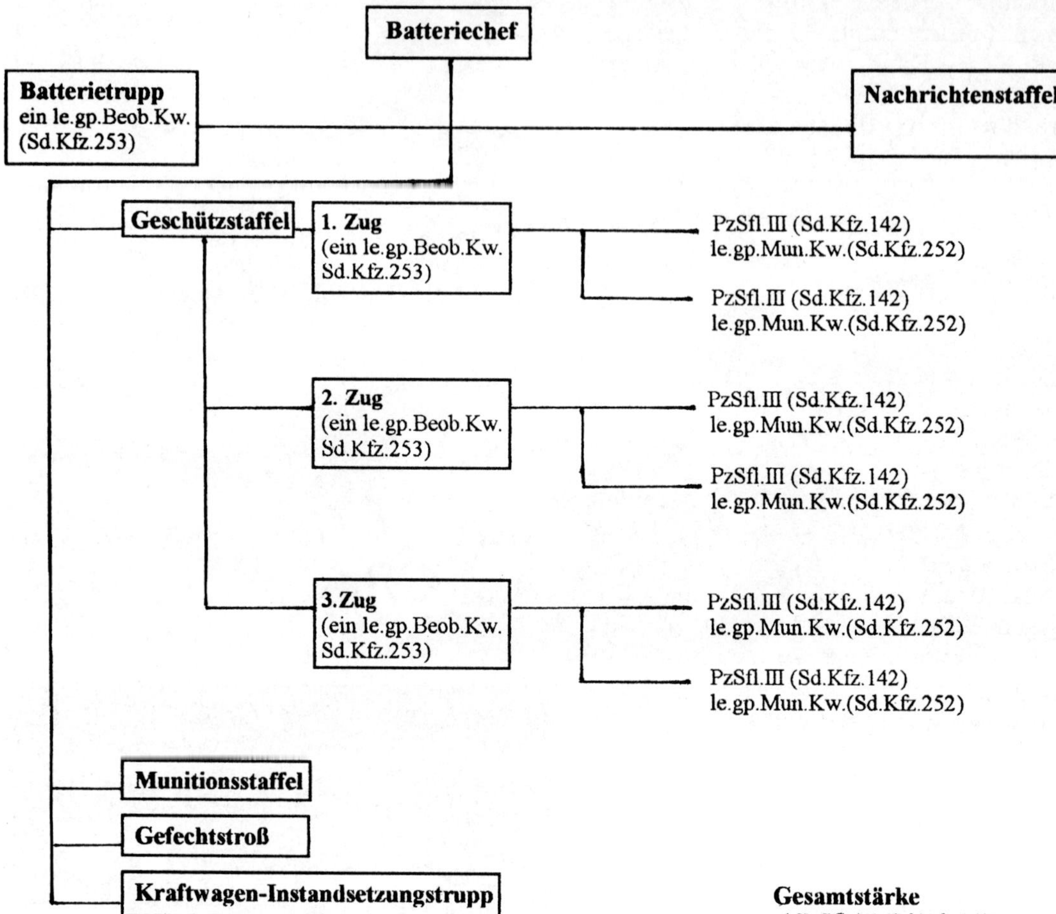

Gesamtstärke
6 PzSfl. III (Sd.Kfz.142)
5 le.gp.Beob.Kw. (Sd.Kfz.253)
3 le.gp.Mun.Kw.(Sd.Kfz.252)

Anmerkung Bei der Sturmgeschütz-Batterie 601 an Stelle der drei leichten gepanzerten Munitionskraftwagen mit Sd.Anh.32 Munitionspanzer auf Fahrgestell Panzerkampfwagen I (Sd.Kfz.111) wendungsbereit (Nr. 640, 659 und 660). Die Batterie 640 ist bereits Mitte April 1940 dem Infanterieregiment »Großdeutschland« unterstellt worden, um im Rahmen dieser Truppengliederung Erfahrungen in der Zusammenarbeit mit der Infanterie zu sammeln. Eine weitere, die Sturmgeschützbatterie 665, konnte erst am 10. Juni 1940 an die Front in Marsch gesetzt werden. Sie kam in den Vogesen zum Einsatz, wo sie eine erste Bewährungsprobe beim Durchbrechen einer französischen Bunkerlinie bestehen mußte. Insgesamt waren 24 Sturmgeschütze in Frankreich im Einsatz; vier Sturmgeschütze gingen verloren.

Die Erfahrungen des Frankreichfeldzuges fanden ihren Niederschlag in zahlreichen Einsatzberichten, denen bald erste Druckschriften für die weitere Ausbildung der Truppe folgten. Von den Offizieren der VI. Lehrabteilung zusammengestellt und im Sommer 1940 in der Broschüre »Die Sturmbatterie - Einsatz- und Ausbildungserfahrungen« veröffentlicht, trugen diese taktischen und technischen Erfahrungen wesentlich zum Aufbau der Sturmgeschützwaffe bei. Zu diesem Zeitpunkt wurde sie wie folgt charakterisiert: »Die Batterie Pak (Sfl.), (Sturmbatterien), haben 7,5-cm-Kanonen auf dem Fahrgestell des Panzerkampfwagen III. Dank seiner starken Panzerung und seiner Geländegängigkeit ist das Sturmgeschütz im Gegensatz zu den Geschützen der Divisions-Artillerie, in der Lage, der eigenen Infanterie oder den Panzertruppen überallhin zu folgen. Die Hauptaufgaben des Sturmgeschutzes sind: Das Niederkämpfen der feindlichen schweren Infanterie- und Panzerabwehrwaffen die durch die eigenen schweren Infanteriewaffen nicht vernichtet werden können. Die Sturmbatterie kämpft meistens batterie- und zugweise, gegebenenfalls auch geschützweise nach Gefechtsaufträgen, die sie durch die Infanterie oder Panzertruppe erhält. Es wird hauptsächlich im direkten Richten geschossen. Weiter wird in der bereits erwähnten Schrift ausgeführt: »Im Ausnahmefall kann die Sturmbatterie auch als Divisions-Artillerie eingesetzt werden. Ihre Verwendung richtet sich dann nach den Grundsätzen für die I.F.H.-Batterie...« Ähnliche Aussagen bestimmen den Inhalt der H.Dv.200/2 m »Vorläufige Ausbildungsanleitung für die Sturmbatterie«, welche ebenfalls im Jahr 1940 herausgegeben wurde.

Interessant ist das Festhalten an der Verwendung der Sturmbatterie als Divisionsartillerie. Es verband sich damit, daß für die Artillerie typische Schießverfahren im indirekten Richten. Dafür waren im Sturmgeschütz 7,5-cm-Kanone zwar die technischen Voraussetzungen gegeben, trotzdem wurde es in der Praxis selten angewendet. Sturmgeschütze bekämpften die zugewiesenen Ziele in der Regel im direkten Richten. Im Kriegsverlauf prägte sich das soweit aus, daß 1943 für Sturmartilleristen, die zur Ausbildung in die Heimat kommandiert waren, das Schießverfahren im indirekten Richten schon etwas Ungewohntes darstellte.

Ein weiterer Punkt aus den Ausbildungs- und Einsatzgrundsätzen des Jahres 1940 ist es wert, hervorgehoben zu werden, nämlich die Tatsache, daß Infanterie und Panzertruppe gleichermaßen von der Sturmgeschützwaffe unterstützt werden sollten. Sturmgeschütze waren von Anbeginn ihrer Entwicklung als Unterstützungswaffe der Infanterie konzipiert worden, und das vor allem deshalb, weil diese nicht gänzlich auf eigene gepanzerte Fahrzeuge verzichten konnte. Es erscheint widersinnig, nun der Panzertruppe, deren Kampfwagen Feuerkraft, Beweglichkeit und Panzerschutz in idealer Weise in sich vereinigen, ebensolche Fahrzeuge zur Feuerunterstützung zuzuteilen und sie der Infanterie so zwangsläufig zu entziehen. Der zahlenmäßige Ausbau der Sturmgeschützwaffe und weitere Einsatzerfahrungen führten in den folgenden Kriegsjahren zu einer klaren Herausarbeitung zweckmäßiger Einsatzgrundsätze für die Sturmgeschütze.

In Erwartung feindlicher Fliegerangriffe wurden auf dem Marsch die Abstände zwischen den Fahrzeugen verdoppelt. Auch bei Feindeinwirkung und -beobachtung kam es zu einer Lockerung der Marschordnung, bzw. der Entfaltung der Batterie.

In den Sturmgeschützbatterien war die übliche Marschordnung die Batteriekolonne. Vorn fuhr der Batterietrupp, es folgten die drei Geschützzüge, die Munitionsstaffel, die Trosse (I und II) und die Kfz. Instandsetzungsstaffel.

Sturmartillerie - die gepanzerte Faust der Infanterie

Als erster selbständiger Verband der Sturmartillerie wurde noch im Spätsommer 1940 die Sturmgeschützabteilung 184 aufgestellt. Ihre drei Batterien waren nach dem Kriegsstärkenachweisen 446 (Sturmbatterie im Abteilungsverband) gegliedert. Jede Batterie bestand aus drei Zügen mit je zwei Panzerselbstfahrlafetten III (Sd.Kfz. 142) und zwei leichten gepanzerten Munitionskraftwagen (Sd.Kfz. 252). Die nach dem Kriegsstärkenachweis 445 vom 1. November 1939 vorgesehenen leichten gepanzerten Beobachtungskraftwagen (Sd.Kfz. 253) für die drei Zugführer und den Batteriechef kamen teilweise in Wegfall. Der Batterieführer erhielt 1941 dafür eine Panzerselbstfahrlafette III (Sd.Kfz. 142), die inzwischen in ausreichender Zahl zur Verfügung standen. Auch die Sprachregelung ist vereinheitlicht worden, wenn auch die Bezeichnung 7,5-cm-Sturmkanone in Selbstfahrlafette, Sturmgeschütz 7,5-cm-Kanone oder Panzerselbstfahrlafette noch für längere Zeit in der Umgangssprache und im Schriftverkehr Verwendung fanden. In der bereits zitierten Broschüre »Die Sturmbatterie - Einsatz und Ausbildungserfahrungen« vom Sommer 1940 ist sogar noch die Rede von Pak (Sfl.), einem Begriff aus der Entwicklungszeit dieser Waffe. Nunmehr war von der Bezeichnung Sturmgeschütz auszugehen. Bis zum Frühjahr 1941 folgten der Sturmgeschützabteilung 184 weitere drei Abteilungen, die 185, 190 und 191. Davon kamen drei im Verlaufe des Feldzuges auf dem Balkan zum Einsatz. Unter den gegebenen geographischen Bedingungen, die im Wesentlichen durch steil aufragende, stark zerklüftete Berge, tief eingeschnittene Täler und wenige, teils kurvenreiche schmale Wege und Straßen bestimmt wurden, gestaltete sich die Verwendung der Sturmgeschütze sehr kompliziert. Gerieten die Fahrzeuge unter Beschuß, konnten sie nicht wenden. Auch das Rückwärtsfahren mußte, wegen fehlender Sicht nach hinten, mit aller Vorsicht erfolgen, um das wertvolle Gerät nicht zu verlieren. Geschossen werden konnte nur in Fahrtrichtung und nur in dem schmalen, vom Schwenkbereich der Kanone (24 Grad) vorgegebenen Sektor. Ein seitliches Verrücken der Geschütze war bei den besonderen Wegeverhältnissen oft unmöglich. Hinzu kam, daß die im Auftrag der Infanterie zu bekämpfenden Ziele (Bunker, Maschinengewehrnester) sich häufig in überhöhter Stellung befanden und vom Feuer der Sturmgeschütze gar nicht erfaßt werden konnten.

Eine gepanzerte Selbstfahrlafette für 7,5-cm-Sturmkanone der Sturmgeschützabteilung 191 im Frühjahr 1941 in Bulgarien.

Auf der linken Kettenabdeckung dieses Sturmgeschützes ist das Erkennungszeichen für die Sturmgeschützabteilung 191, ein Büffel, zu erkennen.

Die Sturmgeschützabteilung 191 auf dem Marsch zur griechischen Grenze. Der Angriff der deutschen Truppen gegen Jugoslawien und Griechenland begann am 6. April 1941 um 6.15 Uhr. Es folgten schwere Kämpfe um die Metaxas-Linie, in welche auch diese Abteilung einbezogen war.

Marschpause bei der Sturmgeschützabteilung 191. Die Besatzungen bleiben an den Fahrzeugen und nehmen dort ihre Mahlzeiten ein. Aufnahme aus den ersten Apriltagen des Jahres 1941.

Blick durch die Hecktür eines leichten gepanzerten Beobachtungskraftwagen Sd.Kfz. 253 eines Zugführers der 1./Sturmgeschützabteilung 191. Beachte die Details der Türverriegelung.

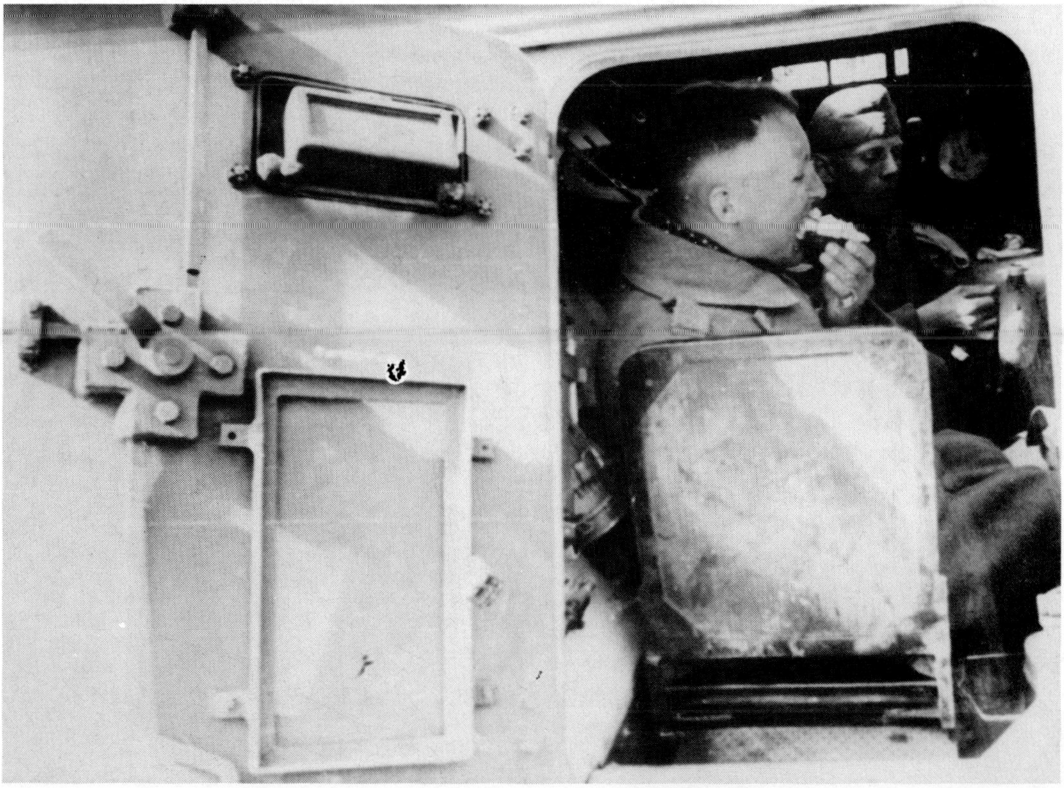

Mängel zeigten sich bei den gepanzerten Unterstützungsfahrzeugen der Sturmgeschützbatterien. So war der Panzerschutz für die gepanzerten Beobachtungskraftwagen (Sd.Kfz. 253) zu schwach. Die Sturmgeschütze zogen dort, wo sie in Erscheinung traten, zwangsläufig das Feuer der Panzerabwehrwaffen und der Artillerie auf sich, unter dem die Beobachtungsfahrzeuge viel stärker zu leiden hatten. Ähnliches galt für die gepanzerten Munitionskraftwagen (Sd.Kfz. 252) mit Sonderanhänger (Sd.Anh. 32d). Empfindliche Ausfälle waren die Folge.

Trotz vieler Probleme zeigte sich im Verlaufe des Balkanfeldzuges, daß die Sturmgeschütze der schwerringenden Infanterie wertvolle Unterstützung geben konnten. Das geht auch aus einschlägigen Berichten hervor, wie dem der 72. Infanteriedivision. Diese Division war bei den Kämpfen um die griechische Metaxas-Linie, im Umfeld des Bunkerberges Ochiron, Anfang April 1941 von der ersten Batterie der Sturmgeschützabteilung 191 unterstützt worden.

Im gesamten Jahr 1940 sind nur 184 Sturmgeschütze zur Auslieferung gekommen. Ihre Zahl erhöhte sich 1941 auf 548. Allein im Januar 1941 lag die Zahl der ausgelieferten Sturmgeschütze bei 44 Fahrzeugen (Soll 36). Im Februar 1941 sind 31 7,5-cm-Sturmkanonen montiert und abgenommen worden. Die Bedeutung, welche dem Sturmgeschütz inzwischen beigemessen wurde, macht die Tatsache deutlich, daß für die ab Juni 1940 laufende B-Serie Panzerkampfwagen III-Fahrgestelle (Typ 5/ZW) bereitgestellt werden mußten, um das geplante Soll in der Sturmgeschützfertigung zu erreichen. Technische Verbesserungen wurden fortlaufend vorgenommen. So erhielt die ab März 1941 ausgelieferte C-Ausführung des Sturmgeschützes ein Selbstfahrlafetten-Zielfernrohr, das über die Decke des Panzeraufbaus geführt wurde. Damit entfiel der bisher übliche, beschußempfindliche Optikschacht auf der linken Seite des Panzeraufbaus.

Vom leichten gepanzerten Beobachtungskraftwagen Sd.Kfz. 253 sind zwischen dem März 1940 und dem Juni 1941 285 Fahrgestelle hergestellt worden. Die Lösung, die Zugführer in den Kampfbatterien mit besonderen, nur leicht gepanzerten Führungsfahrzeugen zusammen mit den Sturmgeschützen einzusetzen, hat sich nicht bewährt. Ihr zugrunde lag aus artilleristischer Sicht der Gedanke, eine bewegliche und von den Geschützen abgesetzt verwendbare Beobachtungs- und Führungsstelle zu besitzen.

Um die gepanzerten Selbstfahrlafetten für 7,5-cm-Sturmkanone auf dem Gefechtsfeld aufmunitionieren zu können, wurden zwischen Juni 1940 und September 1941 413 leichte gepanzerte Munitionskraftwagen Sd.Kfz. 252 beschafft und bei den Sturmgeschützbatterien verwendet. Häufig sind die Fahrzeuge von den Sanitätsunteroffizieren zur Verwundetenbergung genutzt worden.

Die Sturmgeschützbatterie 660, welche im April 1940 in Zinna aufgestellt worden war, erhielt an Stelle der Sd.Kfz. 252 Munitionspanzer I mit Sonderanhänger 32. Diese erwiesen sich schon bald als unbrauchbar und wurden ausgesondert.

Mit dem Hochlauf der Sturmgeschützfertigung und der technischen Vervollkommnung der Fahrzeuge waren wichtige materielle Voraussetzungen für den Ausbau der Sturmgeschützwaffe gegeben. Am 1. Juni 1941 bestand sie aus den bereits bekannten fünf selbständigen Batterien (Nr. 659, 660, 665, 666 und 667). Die Zahl der Abteilungen war auf 12 angewachsen (Nr. 184, 185, 189, 190, 191, 192, 197, 201, 203, 210, 226 und 243). In der Aufstellung befanden sich zu dieser Zeit die Sturmgeschützabteilungen 177, 202 und 244; weitere waren in der Planung. Außerdem gab es die Sturmgeschütz-Kompanie »Großdeutschland« und eine Batterie zu sechs Geschützen beim Infanterieregiment (mot) »Leibstandarte Adolf Hitler« der Waffen-SS.

Der Personalbestand der Sturmgeschützeinheiten ist bis 1943 ausschließlich aus Freiwilligen der Artillerie gebildet worden, die u. a. ihre gediegene schießtechnische Ausbildung, teils schon Fronterfahrung einbrachten. Die Fahrer für die Sturmgeschütze kamen in vielen Fällen, ebenfalls als Freiwillige, von den Ersatz-und Ausbildungsabteilungen der Panzertruppe.

Bemerkenswert und für die weitere Entwicklung der Sturmgeschützwaffe sicherlich nicht ohne Bedeutung waren Gespräche führender Militärs. Zum Beispiel fand ein solches am 6. Juni 1941 zwischen dem Chef des Generalstabes des Heeres, Generaloberst Franz Halder, und dem Befehlshaber der Panzergruppe 2, Generaloberst Heinz Guderian, statt. Dabei ging es um die Aufgaben der Panzergruppen in dem bevorstehenden Feldzug gegen Sowjetrußland. Halder notierte dazu in seinem Tagebuch: »Hauptaufgabe der Panzergruppen liegt nicht beim Absprung, sondern in der Tiefe. Für diese Aufgabe müssen Kräfte erhalten bleiben. Daher ist beim Absprung Unterstützung durch Infanteriekräfte auszunutzen«. Die Panzerdivisionen sollten nicht im Angriff auf einen abwehrbereiten Gegner verschlissen werden. Dafür waren Infanteriedivisionen vorzusehen; ihre Aufgabe war es, Lücken in die gegnerische Abwehrfront zu schlagen, durch welche dann die Panzerkampfwagen in das Hinterland vordringen konnten. Für diese schwere Aufgabe bedurfte die Infanterie der Unterstützung gepanzerter Fahrzeuge, die aber von den Panzerdivisionen nicht abgezogen werden sollten, mit den Sturmgeschützen jedoch in nahezu idealer Weise vorhanden waren. Unter diesem Gesichtspunkt bestand auch bei Guderian, der knapp zwei Jahre später zum Generalinspekteur der Panzertruppe ernannt wurde, Verständnis für die Belange der Sturmartillerie. Unstrittig ist, daß ihr weiterer Ausbau zu Lasten der Panzertruppe gehen mußte.

Im Feldzug gegen Frankreich im Mai und Juni 1940 mußten die Sturmgeschützeinheiten bei größeren Schäden an den Selbstfahrlafetten die Instandsetzungsdienste der Panzertruppen in Anspruch nehmen. Erst 1941 erhielten sie und wenig später die Abschleppstaffeln schwere Zugkraftwagen 18 t (Sd.Kfz. 9) sowie Tiefladeanhänger für Panzerkampfwagen 22 t (Sd.Ah. 166) (dritter von rechts).

Ab September 1941 kam die gepanzerte Selbstfahrlafette für Sturmgeschütz 7,5-cm-Kanone, Ausführung E zur Auslieferung. Insgesamt wurden 275 Einheiten gebaut.

Um bei wahlweiser Verwendung als Zugführer- oder als Batteriechefgeschütz weitere Funkgeräte im Sturmgeschütz mitführen zu können, wurde der bis dahin nur auf der linken Aufbauseite übliche Ausbau ab der E-Ausführung auch auf der rechten Seite angeordnet. An Stelle der Funkausrüstung konnten sechs Schuß Munition mehr untergebracht werden.

Eine Sturmgeschützbatterie auf dem Weg in den Bereitstellungsraum. Sie sollten schwerpunktmäßig die Infanterieverbände beim Durchbrechen der gegnerischen Verteidigung unterstützen. In die so geschlagenen Lücken konnten anschließend Panzerdivisionen in den Rücken des Feindes vorstoßen. Aufnahme von der Ostfront, Juli 1941.

Im Bereitstellungsraum angekommen stellte sich die Kampfstaffel der Sturmgeschützbatterie zum Angriff bereit. Lage und Gelände konnten es erforderlich machen, daß hier auch die Versorgungsstaffel unterzog. Ihre Fahrzeuge blieben beim weiteren Vorrücken der Sturmgeschütze zurück.

Eine Sturmgeschützbatterie in der Sturmausgangsstellung. Sie wurde erst vor Angriffsbeginn bezogen, um die Überraschung zu wahren. Anzustreben war der Einsatz geschlossener Batterie. In der H.Dv.200/2 m »Die Sturmgeschützbatterie« wurde dazu ausgeführt: »Sturmgeschütze sind eine Schwerpunktwaffe. Ihre Wirkungsmöglichkeiten werden nur dann voll ausgeschöpft, wenn eine Aufteilung der Batterie in Züge oder Einzelgeschütze vermieden wird«.

Vor neuen Aufgaben

Am 22. Juni 1941 begann der Feldzug im Osten. Den an Brennpunkten des Kampfes eingesetzten Infanteriedivisionen waren Sturmgeschützabteilungen zugeteilt worden. Die zunehmenden Verluste an Menschen und Material zeugten von der außerordentlichen Härte der Kämpfe. Bis zum Jahresende mußten 95 Sturmgeschütze als Totalverluste abgebucht werden (Bestand Anfang Juni 1941: 377). Wesentlich höher ist die Zahl der Fahrzeuge anzusetzen, die durch Feindeinwirkung oder Verschleiß für einen längeren Zeitraum ausfielen. Die Einsatzstärken in den Sturmgeschützabteilungen erfuhren erstmals einen dramatischen Tiefstand. In einem Bericht über die Erfahrungen des Ostfeldzuges heißt es dazu: »Der Ostfeldzug bringt einschneidende Veränderungen für die Waffen- und Munitionsfertigung mit sich. Es zeigte sich im Verlauf des Krieges im Osten, daß der Materialverbrauch die bisher bekannten Größen weit übersteigt. Der Verschleiß an Waffen ist sehr hoch...«

Hauptaufgabe der Sturmartillerie war die Unterstützung der Infanterie beim Angriff. Allerdings sind die Sturmartilleristen schon vom ersten Tag des Feldzuges im Osten im großen Umfang zur Abwehr russischer Panzerangriffe eingesetzt worden. Eine Aufgabe, an die beim Entstehen der Waffe schon gedacht wurde, auf der aber nicht unbedingt der Schwerpunkt lag und für die die wichtige technische Voraussetzungen (Langrohrgeschütz) fehlten. Die Ursachen für die Verwendung der Sturmgeschütze in der Panzerabwehr waren vielschichtig. Eine zahlenmäßig überaus starke, teilweise mit modernsten Kampfwagen ausgestattete russische Panzerwaffe, traf auf die waffentechnisch klar unterlegene Panzerjägertruppe des deutschen Heeres. Sie präsentierte sich in den 14. (Panzerjäger-)Kompanien der Infanterieregimenter mit neun 3,7-cm-Panzerjägerkanonen, in den Panzerjägerabteilungen der Infanteriedivisionen im günstigsten Fall mit einer gemischten Ausstattung von insgesamt 36 3,7- und 5-cm-Panzerjägerkanonen. Auf 500 m Entfernung konnten damit, bei einem Auftreffwinkel von 60 Grad, 29 mm bzw. 59 mm starke Panzerplatten durchschlagen werden. Das war gegen den T-34 zu wenig. Wären noch die Artillerieregimenter in den Infanteriedivisionen zu nennen, die zur Panzerabwehr herangezogen werden konnten. Ihre fast durchgängige Ausstattung mit Haubitzen erschwerte deren Verwendung für diesen Zweck erheblich.

Im Eisenbahntransport wurden die Sturmgeschützeinheiten im Frühsommer 1941 in den Osten verlegt. Die Besatzungen blieben auf der Fahrt an den Geschützen.

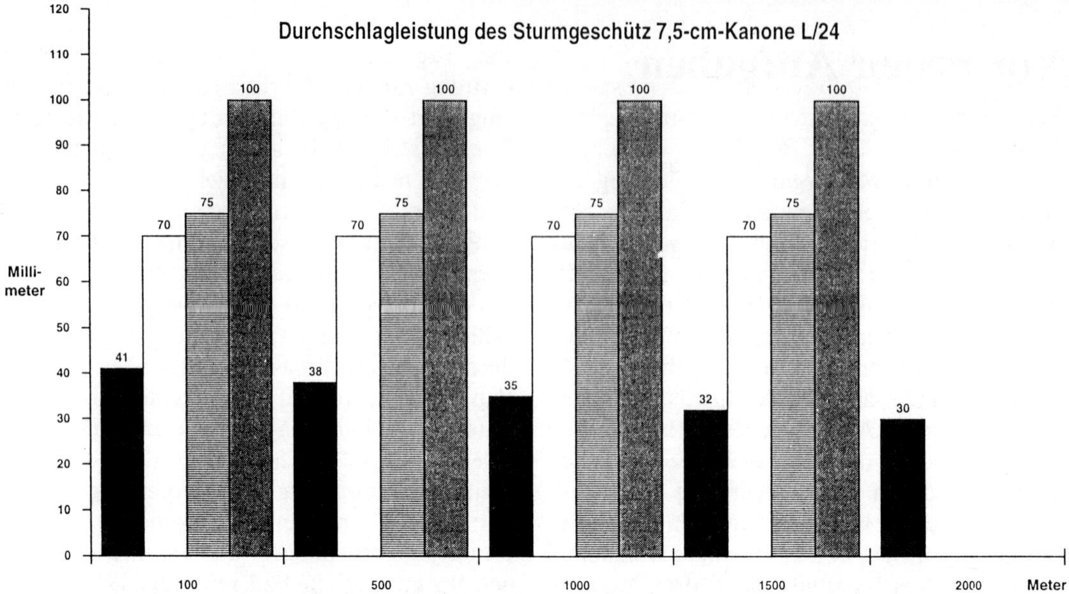

7,5 cm PzGr	7,5 cm Gr38	7,5 cm Gr38 HL/A	7,5 cm Gr38 HL/B	7,5 cm Gr38 HL/C

Sturmgeschütze, auf die Zusammenarbeit mit der Infanterie festgelegt, überdies beweglich und selbst gepanzert, wurden angesichts der Schwäche der Panzerabwehr in den Infanteriedivisionen immer häufiger zum Retter in der Not. Ihre Bewaffnung war zunächst nur bedingt für den Kampf gegen die immer zahlreicher auftretenden russischen Panzer T-34 und KW geeignet. Als panzerbrechende Munition standen die schon vor dem Krieg eingeführte 7,5-cm-Panzergranatpatrone rot (38 mm Panzerdurchschlag auf 500 m Entfernung bei 60 Grad Auftreffwinkel) und die 7,5-cm-Granatpatrone 38 vom Juni 1940 zur Verfügung. Letztere konnte 40 mm Panzerstahl unabhängig von der Entfernung durchschlagen. Damit waren Bedingungen gegeben, die es den Sturmgeschützbesatzungen ermöglichten, moderne russische Panzer auf »selbstmörderische Nahkampfdistanz« zu bekämpfen. Auf 100 m Entfernung konnten vereinzelte Durchschüsse im Bereich der Front- und der Seitenpanzerung des T-34 erzielt werden. Noch schlechtere Erfolgsaussichten hatten die Sturmgeschütze beim Zusammentreffen mit dem schweren Panzer KW. Ende 1941 wurde verbesserte Hohlladungsmunition eingeführt. Zunächst war das die 7,5-cm-Granatpatrone 38 HL/A, dann die HL/B mit 70 bzw. 75 mm Panzerdurchschlagleistung. Nun konnte die Panzerbekämpfung auf eine Entfernung unterhalb von 1500 m wieder erfolgreicher gestaltet werden. Trotzdem waren für einen Treffer immerhin noch vier bis sechs Schüsse notwendig.

Die bestehende waffentechnische, viel häufiger aber noch die zahlenmäßige Unterlegenheit mußten durch eine bessere Führung und Feuerleitung sowie durch eine hervorragende Schießausbildung der Sturmgeschützbesatzungen ausgeglichen werden. Eigenarten der Sturmgeschützwaffe, zu denen wie bereits erwähnt die enge Zusammenarbeit mit der Infanterie gehörte, waren sicherlich ebenfalls von Vorteil. Die hohe Beweglichkeit der Sturmgeschütze gestattete eine rasche Schwerpunktbildung, ihr niedriger Aufzug erschwerte ihre Entdeckung und Bekämpfung, und schließlich machte die technische Auslegung als Kasemattpanzer es in vielen Fällen erforderlich, angreifende Panzer in einer vorteilhaften Feuerstellung zu erwarten.

Grundsätzliches zur Rolle der Sturmgeschütze in der Heeresbewaffnung und zu ihrer zukünftigen Entwicklung ist am 29. November 1941 im Verlauf einer Besprechung zum Thema »Panzerwagenfertigung und Panzerabwehr« gesagt worden, an der neben dem Reichskanzler Adolf Hitler hochrangige Vertreter der

Wehrmacht, des Ministeriums für Waffen und Munition und der Industrie teilnahmen. Auf Seite 5 des Protokolls heißt es dazu: »...Unabhängig davon läuft der Bau der Sturmgeschütze. Ziel muß sein, den mot. Divisionen durch Zuteilung von Kampfwagen die Panzerspitze zu geben und durch sie die zur Zeit dazu benutzten Sturmgeschütze zu ersetzen. Die Sturmwagen gehören zur Infanterie, die sie unmittelbar begleiten müssen. Die Sturmwagen müssen ein Geschütz erhalten, das hohe Wirksamkeit gegen Panzer besitzt. Die Sturmgeschütze müssen mehr Munition bekommen. Die Schnelligkeit des Sturmgeschützes kann herabgesetzt werden, wenn es lediglich als Infanteriebegleitgeschütz verwandt wird und ihm Aufgaben, die der Panzerwaffe zufallen, abgenommen werden. Für die Verwendung bei Infanteriedivisionen genügt eine Geschwindigkeit von 12 km in der Stunde.«

Eine Tatsache bestätigte sich im ersten Kriegswinter 1941/42 an der Ostfront: gelang es nicht, der allgegenwärtigen Panzerbedrohung Herr zu werden, waren die Infanteriedivisionen nicht mehr in der Lage, angriffsweise zu handeln. Den Sturmgeschützen kam in der Panzer-

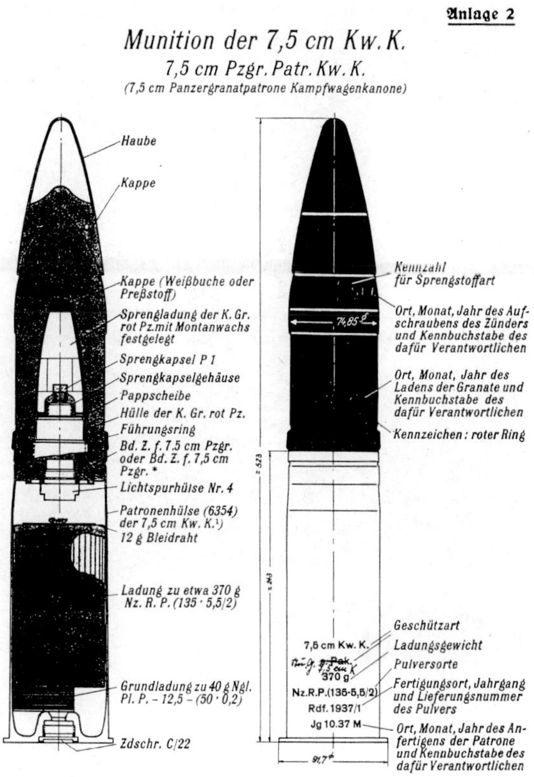

Frontansicht einer gepanzerten Selbstfahrlafette für Sturmgeschütz 7,5-cm-Kanone, Ausführung D. Ab Mai 1941 sind davon 150 Fahrzeuge zur Auslieferung gekommen. Einige wurden in Nordafrika beim Sonderverband z.b.V. 287 verwendet.

Sturmgeschütze und motorisierte Infanterie beim Vormarsch im Osten, Sommer 1941. »...der geschlagene Feind ist ohne Rücksicht auf Mensch und Material zu verfolgen« besagte die Vorschrift. In vielen Fällen waren die Chefs der Sturmgeschützbatterien Führer der Verfolgungstruppen.

Der rücksichtslose Einsatz der Sturmgeschützwaffe auf dem östlichen Kriegsschauplatz hatte unter den gegebenen geographischen und Witterungsverhältnissen einen vermehrten Fahrzeugausfall zur Folge.

Die Sturm-Batterie (nach K.St.N.446) 1941

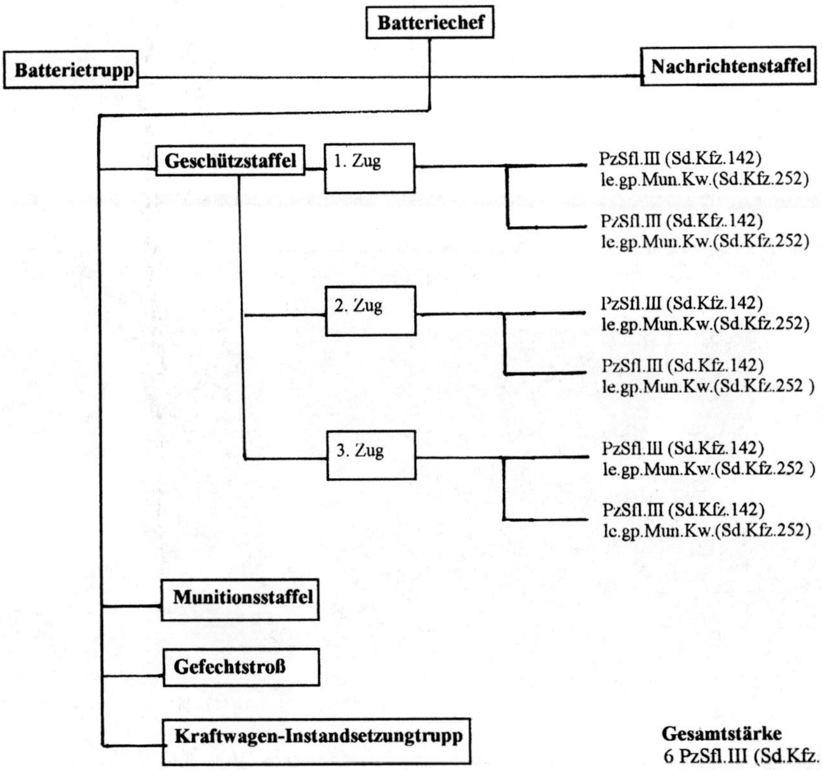

Gesamtstärke
6 PzSfl.III (Sd.Kfz.142)
6 le.gp.Mun.Kw.(Sd.Kfz.252)

Anmerkung Die nach Kriegsstärkenachweis 445 von 1939 aufgestellten Batterien verfügten noch über fünf leichte gepanzerte Beobachtungskraftwagen (Sd.Kfz.253). Sie wurden beibehalten, auch nach dem 9.August 1941, als lt. Befehl Org. Abt./OKH für den Batteriechef zusätzlich eine PzSfl.III (Sd.Kfz.142) zum Batterieverband kam. Die le.gp.Mun.Kw.(Sd.Kfz.252) sind teilweise durch le. LKW ersetzt worden.

abwehr eine Schlüsselrolle zu. In einer Einschätzung vom 13. Dezember 1941 heißt es dann auch: »...Sturmgeschütze sind das unumgänglich notwendige Kampfmittel, um die Angriffskraft der Infanteriedivisionen zu erhalten und zu steigern, jede Infanteriedivision soll als Endziel drei Sturmgeschützbatterien erhalten.« Ein Gedanke aus der Vorkriegszeit. Die Verwirklichung solcher Ideen scheiterte an den begrenzten fabrikatorischen Möglichkeiten der deutschen Rüstungsindustrie. Hinzu kamen die zunehmenden materiellen Verluste. In den ersten zwei Monaten des Jahres 1942 gingen 63 Sturmgeschütze verloren. Das waren zwei Drittel der Gesamtverluste des Jahres 1941.

Erste Überlegungen zur Entwicklung einer langen 7,5-cm-Kanone als Hauptwaffe für die gepanzerte Selbstfahrlafette gab es im Jahr 1938. Anfang des Jahres stellte die Firma Krupp AG ein Versuchsmuster vor. Im März 1941 ist dann erstmals eine lange schwere Panzerabwehrkanone, so die offizielle Bezeichnung der 7,5-cm-Kanone L/41, in der Panzerselbstfahrlafette III zum Einbau gekommen und wurde Adolf Hitler vorgestellt.

Ganz offensichtlich unter dem Eindruck des Auftretens moderner russischer Panzer an der Ostfront, kam man im Heereswaffenamt zu dem Schluß, daß die in der Erprobung befindliche Kanone über zu geringe Leistungsreserven

Für die 7,5-cm-Sturmkanone wurden als günstige Schußentfernung 400 bis 1000 m angegeben. Auf hohe Entfernungen sollten drei Schuß ausreichen, um mit einem Volltreffer vernichtende Wirkung zu erzielen, auf mittlere Entfernung (1000 m) waren es fünf bis acht Schuß. Für den Kampf gegen die stark gepanzerten russischen Panzer lag der Munitionseinsatz zum Teil erheblich darüber.

Im Sommer 1941 sorgte bei den deutschen Truppen der russische Panzer T-34 für unangenehme Überraschungen. Bis zum Juni 1941 waren von diesem modernen Kampfwagen allein 1119 Stück hergestellt worden. Mit der kurzen 7,5-cm-Sturmkanone konnte bei diesem Panzer im Frontbereich nur behindernde Wirkung erzielt werden. Größere Aussichten auf eine erfolgreiche Bekämpfung bestanden beim Verschuß von Hohlladungsgranaten auf Seiten und Heck. Mit der 7,5-cm-Panzergranatpatrone wurde auf Entfernungen unterhalb 100 m ein Panzerdurchschlag erreicht.

verfüge und ließ die weiteren Arbeiten daran im November 1941 einstellen. In der Zwischenzeit war die Entwicklung einer langen Sturmkanone angeregt worden, die zunächst unter der Bezeichnung 7,5-cm-Kanone 44 L/46 lief. Ihre Verwandtschaft mit der später als 7,5-cm-Panzerjägerkanone 40 L/46 bekannt gewordenen Waffe war unschwer zu erkennen. Am 16. März 1942 wurde die 7,5-cm-Kanone 44 L/46 in die 7,5-cm-Sturmkanone 40 L/43 umbenannt. Sie war jetzt für die gleiche Patronenhülse eingerichtet, welche für die 7,5-cm-Kampfwagenkanone 40 L/43 des Panzerkampfwagen IV zur Anwendung kam. Beide Waffen erhielten eine flaschenförmige Mündungsbremse. Die ersten drei Kanonen des Typs sind im Februar 1942 in Sturmgeschützen zum Einbau gelangt. Sie zeigten einige Mängel. So kam es häufig nach den ersten Schüssen zu Hülsenklemmern, die die Gefechtstätigkeit beeinträchtigen. Teilweise mußten nach jedem Schuß die Hülsen von vorn ausgestoßen werden.

Bis zu diesem Zeitpunkt waren Sturmgeschütze mit der kurzen 7,5-cm-Kanone hergestellt worden. Es handelte sich um die Ausführungen B, C und D, von denen insgesamt 520 Fahrzeuge die Werkhallen verließen. Die E-Ausführung wurde ab September 1941 ausgeliefert. Sie gab es in 275 Exemplaren.

Im März 1942 sind die ersten serienmäßig hergestellten Sturmgeschütze mit der neuen Langrohrkanone aus den Werkhallen gerollt. Sie entstanden teilweise durch Umbewaffnung von Sturmgeschützen III der E-Ausführung. Die offizielle Bezeichnung lautete gepanzerte Selbstfahrlafette für Sturmgeschütz 7,5-cm-Kanone, Ausführung F. Bis zum September 1942 wurden 364 Einheiten fertiggestellt. An der Front traten diese Fahrzeuge schwerpunktmäßig im Süden der Ostfront, bei der Heeresgruppe A und B in Erscheinung. 182 Sturmgeschütze der F-Ausführung kamen schon mit der zusätzlichen Panzerverstärkung von 30 mm zur Truppe.

Die 7,5-cm-Sturmkanone 40 L/43 verschoß Panzergranaten 39 mit einer Anfangsgeschwindigkeit von 740 m/s und konnte auf 500 m Entfernung eine 91 mm starke Panzerplatte durchschlagen, mit der Panzergranate 40 waren es sogar 108 mm. Letztere ist nur selten verwendet worden. Die Panzergranate 39

Nach russischen Einschätzungen erwiesen sich Sturmgeschütze als »effektives Mittel zur Unterstützung der Infanterie...« Schon sehr bald setzte die Rote Armee ähnliche Gefechtsfahrzeuge in großer Zahl ein.

In der Verteidigung sollten Sturmgeschütze zweckmäßigerweise nicht als Bunker im Hauptkampffeld aufgestellt werden und dort das Feuer der schweren Waffen des Gegners auf sich ziehen. Die gepanzerten Selbstfahrlafetten waren vielmehr zur Unterstützung von Gegenangriffen der Infanterie einzusetzen.

Sturmgeschütze begleiten den Vormarsch der Infanterie im Osten 1941. Als Angriffswaffe zur Unterstützung der Infanterie hatten sich die Sturmgeschütze bis dahin auf allen Kriegsschauplätzen bestens bewährt. Nun rückte jedoch die Panzerabwehr stärker in den Mittelpunkt des Interesses. Dafür war die kurze 7,5-cm-Sturmkanone aber nur bedingt geeignet.

Ein Sturmgeschütz in einer russischen Kleinstadt. Aufnahme vom Juli 1941. Es handelt sich hier um ein Fahrzeug der B-Ausführung, dessen Fertigung bereits Anfang 1941 ausgelaufen war.

Im Verlauf der schweren Kämpfe im Osten gingen die Einsatzstärken der Sturmgeschützeinheiten stark zurück. Die Sturmgeschützabteilung 190 verlor in drei Monaten des Ostfeldzuges 1941 acht Selbstfahrlafetten und fünf Munitions- und Führerwagen. Im gleichen Zeitraum sind 15716 Schuß 7,5-cm-Munition (entspricht 94,3 Tonnen, ohne die dazugehörigen Packgefäße) verbraucht worden.

Die Panzerung der Sturmgeschütze (hier die B-Ausführung) war im Frontbereich 50 mm dick (bei 69, 80 und 75 Grad Neigung). Sie bot damit innerhalb 500 m Entfernung weder Schutz vor dem Beschuß mit der russischen 45 mm Panzerabwehrkanone, Modell 1937 (Durchschlagleistung auf 500 m 57 mm Panzerstahl) noch vor den 76-mm-Kampfwagen und Feldkanonen der Roten Armee. Tatsachen, die 1942 zur Verstärkung der Frontpanzerung auf 80 mm führten.

In eine dichte Staubwolke gehüllt, überholt hier eine gepanzerte Selbstfahrlafette (Ausführung B) einen Büssing-NAG-Lastkraftwagen auf dem unbefestigten Sommerweg einer gepflasterten Fahrstraße.

Die vergleichsweise geringe Marschgeschwindigkeit der Infanterie belastete die Motoren der Sturmgeschütze. Außerdem war der Kraftstoffverbrauch unverhältnismäßig hoch. Deshalb wurden Sturmgeschützeinheiten angehalten sprungweise vorzugehen und die Infanterie, wie hier im Bild zu sehen, zu überholen. Aufnahme vom September 1941 von der Ostfront.

In voller Fahrt! Die maximale Geschwindigkeit der Sturmgeschütze ist mit 40 km/h angegeben. Der Fahrbereich lag je nach den Wegeverhältnissen zwischen 95 und 165 km/h. Die hohen Marschleistungen im Osten führten dazu, daß nach einer Einsatzdauer von drei bis vier Wochen nur noch ein Bruchteil der Sollstärke der Sturmgeschützeinheiten einsatzfähig war.

reichte aus. Keine Veränderungen ergaben sich bei der weiterhin in Gebrauch befindlichen Hohlladungsmunition. Mit dieser Waffe und dieser Munition war eine Bekämpfung des russischen T-34 im Frontbereich ab 500 m und an den Seiten ab 1000 m mit guten Aussichten auf Erfolg möglich. In einem Bericht eines Sonderkommandos des Heereswaffenamtes vom 20. Mai 1942 heißt es über den Einsatz von sechs Sturmgeschützen mit der langen Sturmkanone, die zu dieser Zeit bei der Sturmgeschützabteilung 190 verfügbar waren: »Waffenwirkung dieselbe wie bei (dem) Panzerkampfwagen IV (mit) Kampfwagenkanone 40... Von den sechs neuen Sturmgeschützen wurden je drei russische Panzerkampfwagen abgeschossen«. An dreizehn Panzerkampfwagen, darunter drei T-34, ist auf dem Gefechtsfeld die Beschußwirkung untersucht worden. Die Masse wies einwandfreie Durchschüsse, vor allem an der Turmfront und den Seiten der Wanne auf. Viele Fahrzeuge waren völlig ausgebrannt, außerdem konnten Schäden an den Waffen und am Laufwerk festgestellt werden. Die größte Entfernung, auf die mit Erfolg gegen Kampfwagen geschossen werden konnte, betrug 1200 m. Damit war das Sturmgeschütz zu einer der wirksamsten Panzerabwehrwaffen des Heeres geworden.

Die einschneidenden waffentechnischen Veränderungen blieben in den Merkblättern für die Artillerie Nr. 34, Richtlinien für den Einsatz der Sturmgeschützeinheiten, vom 27. April 1942 ohne Berücksichtigung. Diese sollten solange Gültigkeit besitzen, bis eine Neuauffassung der Heeresdienstvorschrift 200/2m, Vorläufige Ausbildungsanweisung für die Sturmbatterie, herausgegeben würde. Trotzdem sind Wesen und Aufgaben der Sturmgeschütze im Merkblatt Nr. 34 wesentlich klarer dargestellt, als das beispielsweise im Sommer 1940 der Fall gewesen war. Es heißt darin: »Das Sturmgeschütz - eine 7,5-cm-Kanone auf gepanzerter Selbstfahrlafette - ist eine Angriffswaffe... Geländegängigkeit, Panzerschutz, Beweglichkeit und stete Feuerbereitschaft gestatten dem Sturmgeschütz, den Angriff der Infanterie zu begleiten und ihr eine ständige artilleristische Unterstützung auf wirksamste Kampfentfernung zu geben. Sturmgeschütze verleihen dem Angriff der Infanterie Wucht und Schnelligkeit und geben ihr einen starken moralischen Rückhalt«. Eine Verwendung der Sturmgeschütze als Divisionsartillerie oder die Zusammenarbeit mit Panzerkampfwagen wurde ausdrücklich abgelehnt, weil das nicht den taktischen und technischen Möglichkeiten der Waffe entspräche. Ungenü-

Ein typisches Bild vom Einsatz der Sturmgeschütze. In ungeklärter Gefechtslage sucht die Infanterie hinter den gepanzerten Selbstfahrlafetten Schutz. Die enge Zusammenarbeit war Voraussetzung für den Erfolg beider Waffen.

gend berücksichtigt blieb die Notwendigkeit Sturmgeschütze aktiver in die Panzerabwehr einzubeziehen. Unter dem Punkt 3 wurde lediglich vermerkt: »Im Kampf gegen gepanzerte Fahrzeuge können Sturmgeschütze leichte und mittlere Panzerkampfwagen erfolgreich bekämpfen«. Die im Merkblatt Nr. 34 dargestellte Gliederung der Sturmgeschützabteilung und der Sturmgeschützbatterie entsprach noch dem Kriegsstärkenachweis 446 vom 18. April und dem 1. November 1941. Danach bestand die Sturmgeschützabteilung, aus dem Abteilungsstab mit der Stabsbatterie und drei Sturmgeschützbatterien zu je sieben Geschützen (drei Züge zu je zwei Geschützen, ein Geschütz für den Batterieführer). Die sonstige Gliederung ähnelte der einer leichten Artillerieabteilung (mot.)

Grundsätzlich war der Sturmgeschützverband dem Infanteriekommandeur zu unterstellen, dessen Truppe er unterstützen sollte. Die Zersplitterung der Sturmgeschützeinheiten in kleinere Einheiten (Züge, einzelne Geschütze) beeinträchtigte die Feuerkraft und erleichterte die gegnerische Abwehr. Der Einsatz einzelner Züge war daher auf Ausnahmefälle zu beschränken. Letzteres blieb in der Praxis allzuoft ein frommer Wunsch. Häufig wurden einzelne Sturmgeschütze als moralische Korsettstangen hinter den Stellungen der Infanterie in Position gebracht, und oft genug waren sie so eine leichte Beute der gegnerischen Panzer oder Artillerie.

Die schwindende Qualität der Infanterie erschwerte schon zu diesem Zeitpunkt die Zu-

Bereitstellung von Infanterie und Sturmgeschützen in einer vom Feind nicht eingesehenen Hinterhangstellung.

Die gepanzerten Munitionskraftwagen (Sd.Kfz. 252) der Kampfstaffel folgten den Sturmgeschützen, sobald Gefechtslage und Munitionsbedarf dies erforderlich machten. Ostfront, Sommer 1941.

In den Sturmgeschützbatterien wurde für jede Selbstfahrlafette ein Kampfsatz von 300 Schuß mitgeführt. Davon befand sich nur ein geringer Teil (44 Granatpatronen) an den Geschützen. Den größeren Teil transportierten die gepanzerten Munitionskraftwagen (Sd.Kfz. 252) mit angehängtem Munitionsanhänger (Sd.Ah. 32). Teilweise wurden diese Gespanne schon im Sommer 1942 durch leichte Munitionspanzerwagen (Sd.Kfz. 250/6) mit Sd.Ah. 32/1 abgelöst. Beim Troß befand sich überdies in der Munitionsstaffel vier mittlere geländegängige Lastkraftwagen.

Die zeitgerechte Versorgung der Sturmgeschütze mit Munition zu sichern, war Aufgabe des Batteriechefs. In der Regel fahren die gepanzerten Munitionskraftwagen zum Umladen der Granatpatronen neben die Selbstfahrlafetten.

7,5-cm-Sprenggranatpatronen 34 werden aus dem Sonderanhänger in das Sturmgeschütz umgeladen. Jede Granatpatrone wog 7,35 kg; 49 Schuß wurden mitgeführt. Der Anhänger (1-achs) für Munition (Sd.Ah. 32) wog mit 390 kg Nutzlast 780 kg. Die Maße betrugen 2160 x 1700 x 1100 mm.

sammenarbeit mit der Sturmgeschützwaffe. So wurde am 31. März 1942 in einem Erfahrungsbericht des XXXXIV. Armeekorps ausgeführt, daß sich die Sturmgeschütze immer wieder hervorragend bei der Unterstützung eigener Gegenstöße und Angriffe bewährt haben. Weiter heißt es: »Die Zusammenarbeit mit der Infanterie ließ, wegen des fast völligen Fehlens von erfahrenen Gruppen-, Zug- und Kompanieführern, oft zu wünschen übrig«.
Die schlechten Erfahrungen des Winterfeldzuges 1941/42 veranlaßten den Generalstab des Heeres, rechtzeitig den Ausbau der Heerestruppen vorzubereiten. In einem Schreiben der Operationsabteilung (III) vom 3. September 1942 (Nr. 34 149/42 gKdos) wurde dazu ausgeführt: »...Hauptproblem an der Ostfront ist weiterhin die Abwehr feindlicher Panzerangriffe«. Dazu waren in erster Linie bewegliche Verbände, die nicht in den Divisionsverbänden gebunden waren (Sturmgeschützabteilungen, Heeresjägerabteilungen), zahlenmäßig zu vermehren und verwendungsbereit zu machen.

Weitere Sturmgeschützabteilungen wurden aufgestellt. Die Zahl der Sturmgeschütze erhöhte sich trotz erheblicher Verluste kontinuierlich. Im Juni 1942 standen an der Ostfront insgesamt 19 Sturmgeschützabteilungen und eine Batterie zur Verfügung. War am 1. April 1942 ein Bestand von 623 Sturmgeschützen vorhanden, so erhöhte sich die Zahl bis zum 30. Juni 1943 auf 1422. Davon stammte ein erheblicher Teil aus der Fertigung des Jahres 1942, die mit 788 Stück angegeben ist (davon besaßen 93 noch die kurze Sturmkanone). Dem Zuwachs standen Totalverluste in Höhe von 330 Sturmgeschützen gegenüber. Ende 1942 erreichte die Monatsfertigung 120 Fahrzeuge, um im neuen Jahr weiter sprunghaft anzusteigen. Allein im April 1943 waren es 262 Sturmgeschütze, die an die Truppe ausgeliefert wurden. Dazu gehörten 34 10,5-cm-Sturmhaubitzen, mit deren Fertigung im Januar des Jahres mit fünf Stück begonnen worden war.

Am 1. November 1942 trat ein neuer Kriegsstärkenachweis in Kraft (K.St.N. 446a). Danach gliederte sich die Sturmgeschützbatterie in drei Züge mit drei Sturmgeschützen. Dazu kam das Sturmgeschütz für den Batterieführer. Mit den Fahrzeugen der anderen beiden Batterien und dem für den Kommandeur der Abteilung verfügte die Sturmgeschützabteilung jetzt über 31 Sturmgeschütze. Eine erhebliche Verstärkung der Kampfkraft, vergleicht man diese Zahl mit den Abteilungen, die nach dem alten Kriegsstärkenachweis vom November 1941 gegliedert waren. Sie hatten nur 22 Sturmgeschütze. Letzterer behielt für eine Übergangszeit Gültigkeit und trat erst Anfang 1943 außer Kraft.
Die zahlenmäßige Verstärkung der Sturmgeschützabteilungen ermöglichte es bei der zur Praxis gewordenen Aufteilung der Batterien auf einzelne Regimenter einer Division (und darüber hinaus!), immer noch eine respektable Feuerkraft zur Geltung zu bringen. Eine Tatsache war auch, daß die Sturmgeschützabteilungen immer häufiger bis an die Verschleißgrenze ihrer Fahrzeuge und Waffen abgenutzt wurden. Nach drei bis vier Wochen ununterbrochener Frontverwendung sanken die Einsatzzahlen schnell auf 20 bis 30 Prozent der Sollstärke ab. Dazu ein Beispiel: Nach den Tagesmeldungen des Generalkommandos XXX. Armeekorps in der zweiten Junihälfte des Jahres 1942 verfügte die Sturmgeschützabteilung 249 bei einer Sollstärke von 21 Geschützen, nur an zwei Tagen über 11 einsatzbereite Sturmgeschütze. Am 13. Juni waren 8 Fahrzeuge einsatzbereit; ein absoluter Tiefstand mußte am 16. Juni konstatiert werden: kein Sturmgeschütz stand zur Verfügung, fünf befanden sich in kurzfristiger und zehn in längerfristiger Instandsetzung. In vielen Fällen waren es Schäden an der Antriebslage, die zum Ausfall führten. Immerhin ermöglichte die zahlenmäßige Verstärkung der Abteilungen, ihre Iststärke auf einem etwas höheren Niveau zu halten.

Das Truppenkennzeichen der Sturmgeschützabteilung 192.

Eine Sturmgeschützbatterie auf dem Marsch. In der Regel fuhr das Geschütz des Batteriechefs beim 1. Zug, der die Einheit im Falle der geschlossenen Verwendung bei einem Infanterieverband auch führte. Im Einsatz sollte seine Schießtätigkeit auf ein Mindestmaß beschränkt bleiben. Führungsaufgaben waren vordringlicher.

Im Frühjahr 1942 sind die ersten Sturmgeschütze mit Langrohrkanonen vornehmlich den Sturmgeschützabteilungen zugeteilt worden, die an den Schwerpunkten des Sommerfeldzuges 1942 zur Verwendung kommen sollten. So erhielt die Sturmgeschützabteilung 190 bei der 11. Armee für das Unternehmen »Trappenjagd« (8.-18. Mai 1942) auf der Halbinsel Kertsch die ersten sechs Langrohrkanonen. Im Bild gepanzerte Selbstfahrlafetten für Sturmgeschütz 7,5-cm-Kanone, Ausführung F, im Sommer 1942 bei der Sturmgeschützabteilung 191.

Bei zahlreichen Sturmgeschützeinheiten blieben Sturmgeschütze mit der kurzen Kanone noch bis zum Frühjahr 1943 im Einsatz. Ihre Besatzungen mußten bei der Panzerbekämpfung auf die inzwischen verbesserte Hohlladungsmunition zurückgreifen (7,5-cm-Granatpatrone 38 Hl/B).

Die Stammdivisionen der SS-Verfügungstruppe erhielten schon 1940/41 eigene Sturmgeschützbatterien, die später zu Abteilungen ausgebaut wurden. Im Bild eine gepanzerte Selbstfahrlafette für 7,5-cm-Kanone, Ausführung B bei der SS-Division (mot.) »Das Reich«. Gut zu erkennen ist der niedrige Aufbau des Sturmgeschützes.

Eine wichtige Rolle spielten Sturmgeschütze beim Kampf um die russischen Festungslinien und -anlagen. So im Sommer 1941 beim Durchbruch der »Stalin-Linie« und 1942 bei den Kämpfen um die Festung Sewastopol. Im Bild zu sehen ist, wie sie Pionieren beim Vorbringen einer gestreckten Sprengladung Feuerschutz geben.

Eine Schützengruppe beim Aufsitzen auf eine gepanzerte Selbstfahrlafette für Sturmgeschütz 7,5-cm-Kanone der Sturmgeschützabteilung 245. Sie war am 13. Juni 1941 im Wehrkreis III aufgestellt und ist im Januar 1943 in Stalingrad vernichtet worden. Im April des Jahres kam sie in Jüterbog erneut zur Aufstellung.

Dieses Bild mit einem Sturmgeschütz der 1./Sturmgeschützabteilung 192 schmückte die Titelseite der Nummer 6 der Zeitschrift »Deutsche Illustrierte« vom 10. Februar 1942.

Die »Totenkopf«-Abteilung (Nr. 192) war am 25. November 1940 in Jüterbog aufgestellt worden. Diese Aufnahme ist im Sommer 1941 an der Ostfront entstanden. Das Sturmgeschütz hat einen Artillerietreffer an der linken Aufbauseite.

Nach schweren und verlustreichen Kampfen im Sommerfeldzug 1941 sowie im Herbst und Winter des Jahres wurde am 9. April 1942 aus der Sturmgeschützabteilung 192 und der bisherigen 16. (Sturmgeschütz-)Kompanie des Infanterieregiments (mot.) »Großdeutschland« die Sturmgeschützabteilung der Infanteriedivision (mot.) »Großdeutschland« gebildet. Damit verschwand das bekannte Truppenkennzeichen der »Totenkopf«-Abteilung. Hier noch einmal auf einem Fahrzeug der 3./Sturmgeschützabteilung 192 zu sehen.

Eine gepanzerte Selbstfahrlafette für Sturmgeschütz 7,5-cm-Kanone, Ausführung B, im Winter 1941/42 an der Ostfront. Die Einsatzstärken der Sturmgeschützabteilungen erfuhren zum ersten Mal einen zum Teil dramatischen Tiefstand.

Dieses Sturmgeschütz mit dem anspruchsvollen Eigennamen »Luchs« ist von den deutschen Truppen bei den wechselhaften und schweren Kämpfen im Vorfeld von Moskau zurückgelassen worden. Häufig fehlte es an Betriebsstoff, bei den extrem niedrigen Temperaturen versagte oft die Technik und die Instandsetzungsstaffeln waren überfordert.

Fehlender Nachschub an Ersatzteilen aus der Heimat führte in vielen Fällen dazu, daß wertvolle Technik wie dieser gepanzerte Beobachtungskraftwagen (Sd.Kfz. 253) und das Sturmgeschütz für längere Zeit im Hinterland abgestellt werden mußten. Aufnahme vom Februar 1942.

Um der brechenden Front im Osten Halt zu geben, wurden erstmals im Winter 1941/42 die wenigen schweren Waffen in Kampfgruppen zusammengefaßt. Im Bild ein Panzerkampfwagen 38(t), ein Beutepanzerkampfwagen 740(r) - russisch T-26 C - gemeinsam mit einer gepanzerten Selbstfahrlafette für Sturmgeschütz 7,5-cm-Kanone, Ausführung E.

Mühsam stellt sich die Infanterie mit Schneeschuhen ausgerüstet für einen Gegenstoß bereit. Die kleine Kampfgruppe soll dabei von einem Sturmgeschütz und einem Panzerkampfwagen II unterstützt werden.

Dezember 1941 im Nordabschnitt der Ostfront. Ein Sturmgeschütz rollt durch die Ortschaft Gobunki.

Bergung eines Sturmgeschützes der E-Ausführung aus einem Fluß im Vorfeld von Leningrad (Sankt Petersburg). Anfang der 90er Jahre. Die Selbstfahrlafette war 1941 infolge von Kampfhandlungen verlorengegangen.

Nachdem es gelungen war, das Sturmgeschütz aus dem Wasser zu ziehen, wurde es notdürftig gesäubert. Dabei kam der gut erhaltene graue Farbanstrich zum Vorschein.

Abtransport nach Deutschland. Das Sturmgeschütz kann heute im Fahrzeug- und Technikmuseum in Bad Oyenhausen besichtigt werden.

Zwei Sturmgeschütze der D-Ausführung in den Straßen einer russischen Stadt. Davor eine zurückgelassene russischen Tankkette T-27.

Ausbau des Sturmgeschütz 7,5-cm-Kanone. Gegen den dahinter aufgestellten Zugkraftwagen 18 t (Sd.Kfz. 9) mit behelfsmäßigem Kranausleger wirkt die Selbstfahrlafette vergleichsweise winzig.

Rohr und Verschluß der Sturmgeschütz 7,5-cm-Kanone. Das Rohr war 1766,5 mm (= L/24) lang und wog in diesem Zustand 287,5 kg. In leicht veränderter Form wurde es als 7,5-cm-Kanone (Sfl) im SPW (Sd.Kfz. 251/9) und dem Spähpanzer (Sd.Kfz. 233) bei der Panzertruppe verwendet.

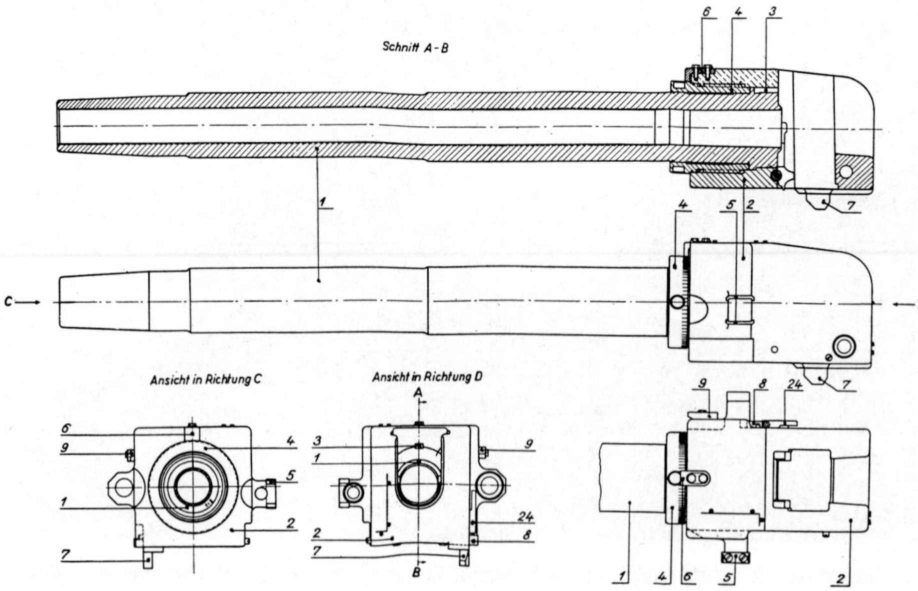

Im Dezember 1941 hatte sich ein namhafter Vertreter des Heeres zur Sturmgeschützfertigung geäußert: »Auch für sie sind die in Aussicht gestellten Zahlen völlig unzureichend. Damit können wir überhaupt nicht Krieg führen...« Für die Operationen am Südflügel der Ostfront im Frühsommer 1942 wurden die immer noch spärlich aus Fertigung und Reperatur kommenden Selbstfahrlafetten schwerpunktmäßig den dort konzentrierten Sturmgeschützabteilungen zugeteilt, um erneut in die Weite des russischen Raumes vorstoßen zu können.

Bei der Verfolgung des geschlagenen Feindes ist die Infanterie auf die Sturmgeschütze zu verladen, um so das Marschtempo erhöhen zu können (vgl.H.Dv. 200/2 m »Die Sturmgeschützbatterie« vom 7. September 1942).

Der zu geringe Ausstoß von Sturmgeschützen der E-Ausführung, die zudem ab Februar 1942 schrittweise mit der neuen 7,5-cm-Sturmkanone 40 L/43 bestückt wurden, hatte zur Folge, daß das Bild der Sturmgeschützeinheiten im Sommer 1942 noch von Fahrzeugen älterer Baureihen bestimmt wurde.

Hitze, Staub und Pulverdampf bestimmten den Kriegsalltag der Sturmartilleristen an der Ostfront.

Ein Sturmgeschütz im Vorfeld der Festung Sewastopol, Juni 1942. Für das Unternehmen »Störfang«, die Eroberung der Festung, sind bei der 11. Armee die Sturmgeschützabteilungen 190, 197 und 249 bereitgestellt worden. Sie verfügten vornehmlich über Sturmgeschütze mit kurzen Kanonen. Lediglich von der Sturmgeschützabteilung 249 ist bekannt geworden, daß sie im März 1942 sechs neue Langrohrgeschütze erhalten hatte.

Ein Sturmgeschütz beim Überwinden eines Panzergrabens.

Vormarsch durch die Donsteppe nach Stalingrad im Juli 1942. Für die Operationen am Südflügel der Ostfront waren u. a. die Sturmgeschützabteilungen »Großdeutschland«, 177, 190, 191, 203, 243, 244 und 245 vorgesehen worden. Vier Abteilungen (die 177, die 243, 244 und 245) wurden später im Kessel von Stalingrad vernichtet.

Kampf im Stadtgebiet von Stalingrad. Bemerkenswert: Das Sturmgeschütz der B-Ausführung hat zu diesem Zeitpunkt noch die Antriebsräder für die 380 mm breiten Gleisketten.

Die Sturmgeschützabteilung der Infanteriedivision »Großdeutschland« hatte zu Beginn der deutschen Sommeroffensive 1942 21 neue Langrohrgeschütze erhalten.

Die Eingliederung einer kompletten Sturmgeschützabteilung in die Infanteriedivision (mot) »Großdeutschland« bedeutete eine erhebliche Verstärkung der Kampfkraft dieses Eliteverbandes. Alle Infanteriedivisionen auf diese Art zu verstärken, wie im Dezember 1941 gefordert worden war, blieb jedoch eine Wunschvorstellung.

Hauptaufgabe der Sturmgeschützabteilungen war es bis 1942/43, in Zusammenarbeit mit anderen Waffengattungen den Einbruch der Infanterie in die feindliche Stellung und das Durchkämpfen in der Tiefe des Gefechtsfeldes zu unterstützen.

Ein Sturmgeschütz der Sturmgeschützabteilung 243 mit aufgesessener Infanterie in den Straßen von Stalingrad. Aufnahme vom Herbst 1942.

Zwei leichte gepanzerte Munitionstransportkraftwagen (Sd.Kfz. 252) in der russischen Steppe. Die Fertigung der fast 6 Tonnen schweren Halbkettenfahrzeuge war bereits im September 1941 eingestellt worden. Im Einsatz konnte man die Fahrzeuge vereinzelt noch 1943/44 sehen.

Sturmgeschütze im Kampf mit russischen Panzerkamfwagen. Abgesehen von den neuen Sturmkanonen mit einer Rohrlänge L/43 oder L/48 unterschieden sich die gepanzerten Selbstfahrlafetten für Sturmgeschütze 7,5-cm-Kanone, Ausführung F und F/8 äußerlich nur in wenigen Details von der E-Ausführung.

Fast gleichzeitig mit der Einführung von Sturmgeschützen, die über Langrohrkanonen verfügten, gingen kometengleich die Sterne zahlreicher Führer und Unterführer auf, die aus den Reihen der Sturmartillerie kamen und höchste militärische Auszeichnungen erhielten. Dazu zählten Namen wie die des Majors von Malachowski, des Hauptmanns Franz und des Oberwachtmeisters Primozic. Sie hatten sich sämtlich im Kampf gegen russische Panzer bewährt. Im Bild Oberwachtmeister Primozic mit seiner Besatzung beim Apell in Jüterbog. Er war nach dem Abschuß von 60 Panzern mit dem Eichenlaub zum Ritterkreuz des Eisernen Kreuzes ausgezeichnet worden.

Weniger feierlich, aber trotzdem sauer verdient, ein Erinnerungsfoto nach der Verleihung einer Auszeichnung an einen Obergefreiten der Sturmgeschützwaffe.

Pionier und Sturmartillerist beim Verladen eines kleinen Flammenwerfers auf ein Sturmgeschütz.

Im Verlauf der schweren Kämpfe um den wichtigen Schwarzmeerhafen Noworossisk kam im August 1942 die Sturmgeschützabteilung 210 zum Einsatz. Hier deckt ein Sturmgeschütz das Vorgehen eines Flammenwerferstoßtrupps der Pioniere.

Die Sturmgeschützabteilung 210 kam ab Anfang August 1942 im Kaukasus zum Einsatz. Zunächst nahm sie am Vorstoß in Richtung Rostow teil, im Oktober kämpfte sie mit der 1. Gebirgsdivision in den Bergen des Kaukasus.

Auf Veranlassung der Zensur wurden auf Fotografien wichtige Details der neuen Bewaffnung der Sturmgeschütze, wie die Mündungsbremse, retuschiert (vgl. Abbildung oben). Erst dann sind die Aufnahmen zur Veröffentlichung freigegeben worden.

Weitere Bilder vom Einsatz der Sturmgeschützabteilung 210, die als Truppenkennzeichen den Tigerkopf führte (in der Mitte des Wannenbugs schwach zu erkennen). Die Abteilung war am 10. März 1941 in Jüterbog aufgestellt worden und ist zunächst bei der Heeresgruppe Süd zum Einsatz gekommen. Diese Bilder sind im August 1942 im Kaukasus entstanden.

Ein Sturmgeschützführer der Sturmgeschützabteilung 184 vor dem Einsatz. Seine Aufgaben bestanden darin, das Sturmgeschütz im Rahmen des gegebenen Auftrages zu führen und die vom Zugführer zugewiesenen Ziele selbständig zu bekämpfen. Darüber hinaus sollte er eigene Zielaufklärung betreiben und mit der Infanterie zusammenarbeiten. Weiterhin gehörte zu den Aufgaben des Geschützführers die richtige Auswahl der Feuerstellung; er unterstützte den Richtkanonier, hörte den Funkverkehr mit und überwachte die Nahsicherung des Sturmgeschützes.

Ein Zugführer der Sturmgeschützwaffe. Wurde sein Zug selbständig eingesetzt, war er für die Zusammenarbeit mit der Infanterie verantwortlich. Er setzte seinen Zug zweckmäßig ein, betrieb Geländeerkundung, Zielaufklärung und -zuweisung; er wählte die Sturmausgangsstellung und die ersten Feuerstellungen aus und bestimmte so den Weg der zwei (ab November 1942 drei) Geschütze seines Zuges im Angriffsstreifen. Im Gefecht hatte er seinen Zug straff zu führen; er sorgte für den Ersatz von Ausfällen und für den Nachschub.

Die Sturmgeschützabteilung mit drei Batterien zu je 10 Geschützen
(nach K.St.N.446a) November 1942

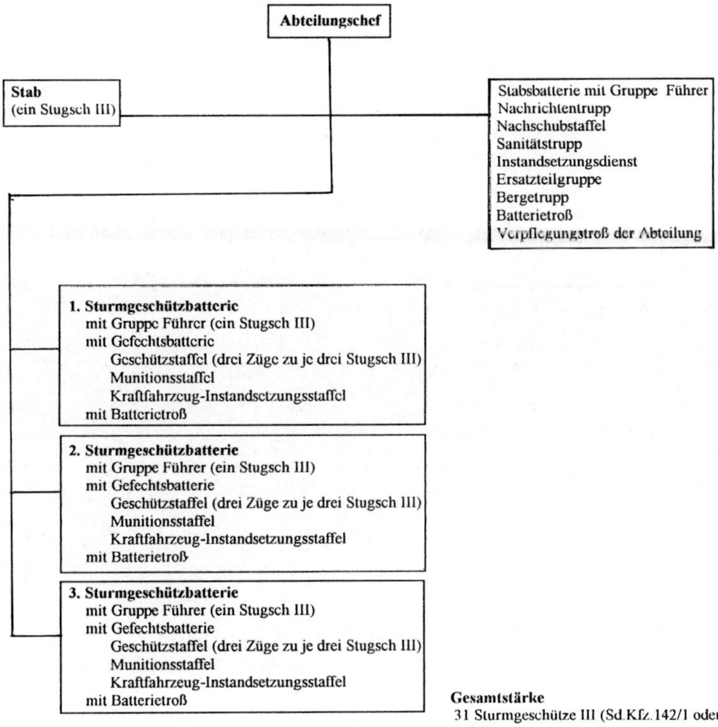

Gesamtstärke
31 Sturmgeschütze III (Sd.Kfz.142/1 oder 142/2)
1 Krankenwagen (gp.)(Sd.Kfz.251)
3 Zugkraftwagen 18 t (Sd.Kfz.9)

Wichtige Voraussetzung für den Erfolg, die enge Zusammenarbeit zwischen der Infanterie und den Sturmgeschützen. In der Praxis kam es hier zunehmend zu Problemen, weil den Infanterieführern das notwendige Verständnis für Besonderheiten der Sturmgeschützwaffe fehlte. So wurden 1942 die Züge der Sturmgeschützabteilung 226 auf die Infanterieregimenter im Bereich des IX. Armeekorps aufgestellt, um der Panzerabwehr den notwendigen Rückhalt zu geben. Das führte in der Regel schon bald zum Verlust der Selbstfahrlafetten.

Die Sturmgeschützabteilung »Großdeutschland« hatte bei Rstrew schwere Kämpfe zu bestehen. Anfang Januar 1943 wurde sie herausgezogen und zur Auffrischung nach Smolensk verlegt. Das Truppenkennzeichen der Abteilung war ein weißer Stahlhelm.

Die Besatzung einer gepanzerten Selbstfahrlafette für Sturmgeschütz 7,5-cm-Kanone, Ausführung F/8 während einer Gefechtspause. Aufnahme vom Herbst 1942. Zu diesem Zeitpunkt war eine Verstärkung der Frontpanzerung dringend geboten. Hitler hatte bereits im Mai des Jahres eine Dicke von 80 mm gefordert. Das Mehrgewicht der Sturmgeschütze von 450 kg und die verminderte Beweglichkeit sollten in Kauf genommen werden. Ihre Verwendung war künftig ohnehin nur noch bei Infanterieverbänden vorgesehen.

Geschützführer mit Scherenfernrohr. Die Ausstattung der Sturmgeschütze mit Scherenfernrohren erleichterte die Gefechtsfeldbeobachtung, Zielerkennung und Zielzuweisung.

Bis zum Frühjahr 1943 waren in den Sturmgeschützabteilungen größtenteils noch Selbstfahrlafetten mit der kurzen Sturmkanone anzutreffen. Es gab immer noch zu wenige Fahrzeuge mit der langen Sturmkanone. Erst die steigenden Ausstoßzahlen (November 1942 100 und im Mai 1943 260 Sturmgeschütze) gestatteten es, eine generelle Umrüstung vorzunehmen.

Um bei Schnee und im starken Sonnenschein das verräterische Blinken der Scherenfernrohre zu vermeiden, wurden Aufsatzstücke verwendet, die zugleich ein Zusetzen der Ausblicköffnungen mit Eis und Schnee verhindern sollten. Die Aufnahme aus dem Winter 1942/43 zeigt anschaulich, unter welchen komplizierten Witterungsbedingungen die Sturmartilleristen kämpfen mußten.

Sturmgeschütze III Ausführung F/8 (Sd.Kfz. 142/1) mit der 7,5-cm-Sturmkanone 40 L/48 im Sommer 1943. Die Zusammenarbeit mit den Panzerregimentern sollte auf Ausnahmefälle beschränkt bleiben. Im Rahmen der Panzerdivision war die Zusammenarbeit grundsätzlich mit den Panzergrenadieren vorzusehen.

Weiterhin standen der Sturmgeschützbesatzung Sprenggranatpatronen 34 zur Verfügung. Deren Geschosse waren aus Preßstahl oder Stahlguß gefertigt. Sie besaßen einen Aufschlagzünder mit einstellbarer Zündverzögerung (0,15 Sekunden), der es gestattete, die Geschoßwirkung optimal auf das Ziel auszurichten. Ein Beispiel: Zum Schießen von Abprallern wurde der Zünder mit Verzögerung verwendet. Das auf den Erdboden flach aufsetzende Geschoß prallte ab und zersprang erst, wenn die Verzögerung des Zünders beendet war. Mit Abprallern konnte gegen lebende, von oben nicht eingedeckte Ziele eine besonders große Splitterwirkung erzielt werden.

Zum Kampfsatz der Sturmgeschütze gehörten weiterhin 7,5-cm-Nebelgranatpatronen KWK 40. Deren mit Nebelstoff gefüllten Geschosse erzeugten nach dem Aufschlag weißlich graue Nebelwolken mit einem Durchmesser von 30 m, die nach 20 bis 25 Sekunden ihre Wirkung verloren. Nebelgranatpatronen stellten 1943 den geringsten Teil der 1. Munitionsausstattung in den Sturmgeschützabteilungen. Zehn Stück wurden für jede Kanone mitgeführt, in der Regel aber nicht auf dem Sturmgeschütz. Sie befanden sich bei den Munitionsstaffeln der Batterie, welche ab 1943 in vielen Fällen mit Gleisketten-Lastkraftwagen »Maultier« (Sd.Kfz. 3) ausgestattet waren. Weiterhin gehörten zur 1. Munitionsausstattung 130 Spreng- und 130 Panzergranatpatronen für jedes Geschütz. Davon befanden sich normalerweise je 27 im Sturmgeschütz. In der Regel wurden die Munitionshalterungen entfernt, um den mitgeführten Kampfsatz zu vergrößern.

Für die Sturmgeschützbesatzungen war die Kenntnis der Leistungsfähigkeit ihrer Waffe und deren Munition von großer Wichtigkeit, wollte sie diese im Einsatz möglichst wirkungsvoll zur Geltung bringen. Zum Beispiel wurde in den Vorschriften immer wieder darauf hingewiesen, daß die Bekämpfung von Zielen nur zweckmäßig war, wenn eine ausreichende Wirkung erwartet werden konnte. Der Beschuß von Zielen außerhalb des Wirkungsbereiches der Waffe sollte nur erfolgen, wenn es die taktische Lage unbedingt erforderte. So hat man es wiederholt als falsch bezeichnet, den Beschuß eigener Stellungen durch russische Pan-

Entwicklung der Panzerdurchschlagleistung der Hauptbewaffnung deutscher Sturmgeschütze zwischen 1939 und 1945

- Alle Angaben gelten für eine Entfernung von 500 m, einem Auftreffwinkel von 60 Grad und einer Plattenfestigkeit von 80 - 100 kg/mm
- Angaben für Granaten/HL gelten für alle Entfernungen

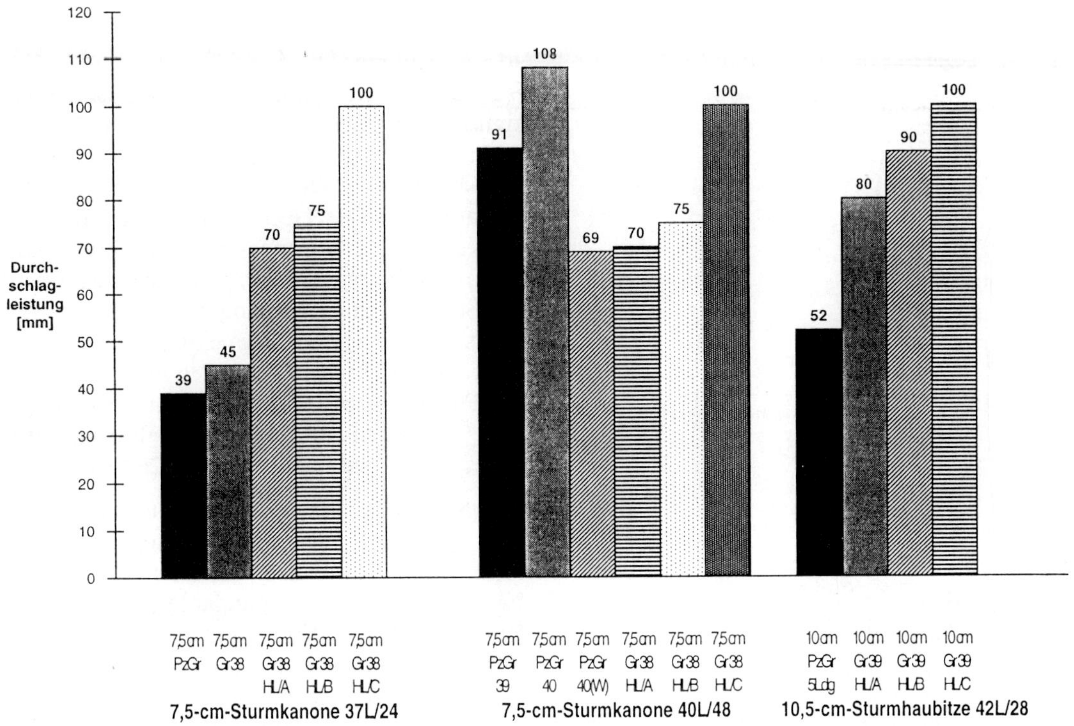

Die Fertigung der gepanzerten Selbstfahrlafette für Sturmgeschütz 7,5-cm-Kanone, Ausführung G, lief bei Alkett im Dezember 1942 und bei MIAG im Februar 1943 an. Bis zum Sommer 1943 wurde diese Ausführung in den Sturmgeschützeinheiten dominierend.

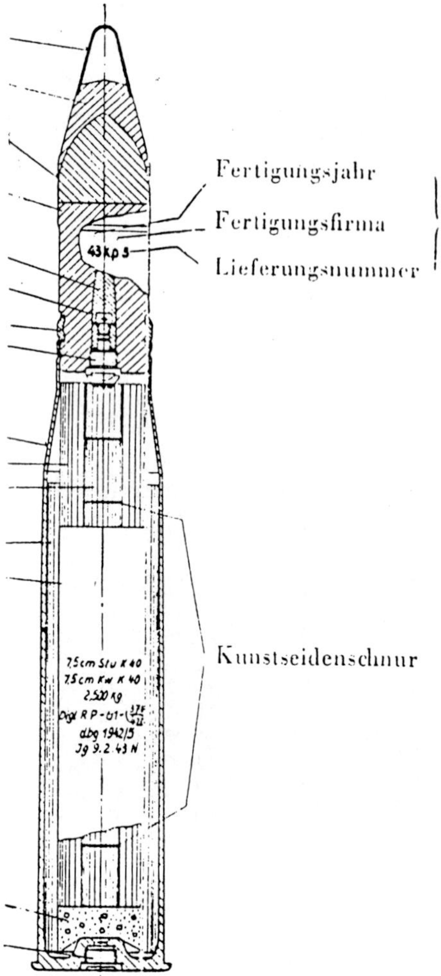

Die 7,5-cm-Panzergranatpatrone - wichtigste Munitionsart zur Panzerbekämpfung mit der Sturmkanone 40 L/43 und L/48.

zer zu erwidern, die häufig aus einer Entfernung über 1500 m als gepanzerte Artillerie zum Einsatz kamen. Ihre 60 bis 75 mm dicke Frontpanzerung konnte mit panzerbrechender Munition der Sturmkanonen auf diese Distanz nicht durchschlagen werden. Das kam einer Vergeudung der wertvollen Munition gleich. Hier traten auch ohne das Zutun der Truppe erste Mangelerscheinungen auf. Im September 1943 meldete das Armeeoberkommando 8, daß die Lage bei der Ausstattung mit 7,5-cm-Munition für Kampfwagenkanonen (die auch für Sturmgeschütze verwendet wurde) äußerst gespannt war. Um beispielsweise den Mangel an Sprenggranatpatronen auszugleichen, wurde die Truppe angewiesen, dafür Hohlladungsgranaten zu verschießen.

Im Dezember 1942 ist bei der Firma Alkett mit der Herstellung der gepanzerten Selbstfahrlafette 7,5-cm-Kanone, Ausführung G begonnen worden. Die Zahl der Unterlieferanten nahm zu, und im Februar wurde die Firma MIAG in die Endfertigung einbezogen. Als Hersteller der 7,5-cm-Sturmkanone 40 L/48 traten die Berliner Firma WIMAG und Skoda in Pilsen in Erscheinung. Die Ausstoßzahlen sind in Erwartung des Hochlaufs der Sturmgeschützfertigung kontinuierlich gesteigert worden. Waren es im Januar 1943 144 Kanonen (Soll 140) so erhöhte sich ihre Zahl bis zum August des Jahres auf 291. Das Heereswaffenamt hat 1943 insgesamt 3011 Sturmgeschütze III abgenommen. 1944 waren es 3840. Den Stellenwert den die Sturmgeschützfertigung mittlerweile in der deutschen Heeresrüstung einnahm, verdeutlicht ein Vergleich mit den Produktionszahlen des Panzerkampfwagen IV, einem der wichtigsten deutschen Panzermodelle: Im gleichen Zeitraum waren es 3023 bzw. 3125 Stück.

Das Sturmgeschütz III, Ausführung G besaß das Fahrgestell der vorausgegangenen F/8-Ausführung, hatte aber einen breiteren Aufbau mit einer Kommandantenkuppel. Die Rundumsicht des Kommandanten verbesserte sich dadurch erheblich. In dieser Ausführung blieb das Sturmgeschütz bis zum Kriegsende in der Fertigung, wenn auch im Verlaufe der Zeit zahlreiche Änderungen in die Herstellung einflossen. Teils um die Leistungsfähigkeit und den Panzerschutz zu verbessern, teils um kriegsbedingte Rationalisierungsmaßnahmen zum Zwecke der Einsparung von Arbeitskräften und Material durchzusetzen. So kam ab Oktober 1943 die drehbar gelagerte Kommandantenkuppel in Wegfall und wurde durch eine starre ersetzt. In die Sturmgeschützfertigung sind Panzerkampfwagen III-Fahrgestelle einbezogen worden, die zum Teil aus der Instandsetzung von Schadpanzern kamen. Die Herstellung des Panzerkampfwagen III hatte im August 1943 mit der Ausführung N (Sd.Kfz. 141/2) ihren Abschluß gefunden.

Neben der grundsätzlichen Veränderung des Panzeraufbaus waren die Panzerdicken im Frontbereich angehoben worden. Schon bei den 1942 zur Auslieferung gelangten Sturmgeschützen III der F- und der F/8-Ausführung hatte man die Frontpanzerung durch zusätzli-

Im ersten Halbjahr 1943 wurden vom Heereswaffenamt 1230 Sturmgeschütze (Sd.Kfz. 142/1) und 119 Sturmhaubitzen (Sd.Kfz. 142/2) abgenommen. Damit kam man fast an die Jahresproduktion 1942 heran, die bei 1516 Fahrzeugen gelegen hatte (davon noch 814 mit der kurzen Sturmkanone). Zunehmend konnten nun Sturmgeschütze älterer Baureihen für Ausbildungszwecke an das Ersatzheer abgegeben werden. Immerhin galt es den Personalbedarf der im schnellen Ausbau befindlichen Sturmgeschützwaffe zu decken. Diese Aufnahme von einem Sturmgeschütz III der E-Ausführung ist im Winter 1942/43 in Jüterbog entstanden.

Die Zahl der Sturmgeschütze im Heimatkriegsgebiet war beträchtlich. Noch am 1. März 1945 befanden sich beim Ersatzheer 446 Sturmgeschütze und Jagdpanzer sowie 14 als Fahrschulpanzer hergerichtete Sturmgeschütze.

Der Truppenübungsplatz Jüterbog -die Wiege der deutschen Sturmartillerie auf einer Luftaufnahme der USAAF vom 2. Mai 1944.

Die gepanzerte Selbstfahrlafette für Sturmgeschütz 7,5-cm-Kanone, Ausführung B, mit der Fahrgestell-Nummer 90232 war im Frühjahr 1941 zur Auslieferung gekommen. 1943 befand sich das Sturmgeschütz bei der Sturmgeschütz-Ersatz- und Ausbildungsabteilung 400 in Demba (Polen).

Batterieausbildung bei der Sturmgeschütz-Ersatz- und Ausbildungsabteilung 300 in Neiße (Oberschlesien). Sie war bereits im Jahr 1941 gebildet worden.

Die Aufnahme entstand, während der Übung mit einem Kriegsoffizier-Lehrgang (KOB-Lehrgang) bei der Sturmgeschütz-Ersatz- und Ausbildungsabteilung 400 in Demba, im Jahr 1943. Das sandgelb gestrichene Sturmgeschütz mit der Fahrgestell-Nummer 90773 ist eine frühe E-Ausführung, die im Herbst 1941 bei Alkett aus den Werkhallen gerollt war.

Dasselbe Fahrzeug im Übungsverlauf. Dargestellt wird hier die Zusammenarbeit zwischen der Infanterie und den Sturmgeschützbesatzungen beim Angriff.

Sturmgeschütz III, Ausführung B, im Frühsommer 1943 bei der Sturmgeschütz-Ersatz- und Ausbildungsabteilung 400 in Demba. Hier wurden in besonderen Lehrgängen fronterfahrene Unteroffiziere und Offiziere der Artillerie auf ihre Verwendung bei der Sturmgeschützwaffe vorbereitet.

Unteroffizier Alfred Regeniter während der Ausbildung in Demba am Sturmgeschütz. Regeniter hatte bis 1943 den Rußlandfeldzug bei der schweren Abteilung des Artillerieregiments 255 als Artilleriebeobachter mitgemacht und sich freiwillig zur Sturmartillerie gemeldet. 1944 kam er als Leutnant zur Sturmgeschützbrigade 276 und wurde Zugführer. Nach dem Abschuß zahlreicher russischer Panzer und Selbstfahrlafetten wurde er Anfang Februar 1945 schwer verwundet. Für seinen Einsatz erhielt er das Ritterkreuz des Eisernen Kreuzes.

Unterricht an der gepanzerten Selbstfahrlafette für Sturmgeschütz 7,5-cm-Kanone, Ausführung F, in Demba.

Gut zu erkennen ist bei diesem Sturmgeschütz III, Ausführung F, die Mündungsbremse. Das Schießen ohne Mündungsbremse war verboten, um eine Überlastung der Rohrrücklaufbremse zu vermeiden. Ihr fester Sitz war ständig zu überprüfen.

Im Herbst 1943 wurde die Sturmgeschütz-Ersatz- und Ausbildungsabteilung 400 von Demba nach Dänemark verlegt. Aufgabe der Abteilung blieb es, angeschlagene Sturmgeschützeinheiten aufzufrischen, Mannschaftsersatz auszubilden und Material bereitzustellen.

Die Sturmgeschütz-Ersatz- und Ausbildungsabteilung 400 passiert im Verlauf ihrer Verlegung von Demba nach Hadersleben (Dänemark) die Reichshauptstadt. Das gezeigte Sturmgeschütz mit der Fahrgestell-Nummer 91148 stammt aus der Juli-Fertigung des Jahres 1942.

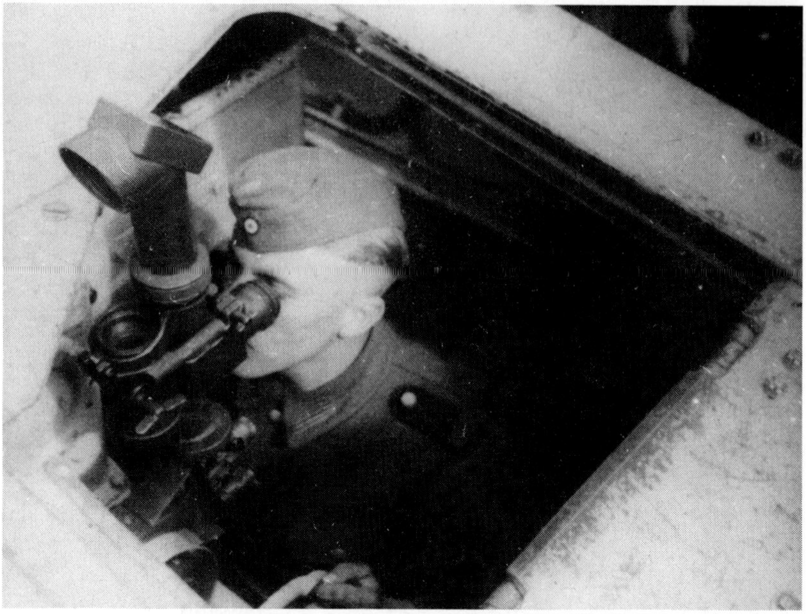

Der Gefreite Gerhard Doß bei der Ausbildung am SFL.-Zielfernrohr 1 im Sturmgeschütz. Die Aufnahme entstand bei der Sturmgeschütz- und Ausbildungsabteilung 300 in Neiße.

che Platten auf 80 mm Dicke gebracht. Ab Mai 1943 wurden die ersten Sturmgeschütz III-Wannen mit einer 80 mm starken Bugpanzerung ausgeliefert. Ältere Wannen von Panzerkampfwagen III sind weiter verwendet worden, erhielten aber die übliche Verstärkung.
Mit der am Wannenbug und der Fahrerfront auf 80 mm Dicke gebrachten Panzerung (bei 70, 40 und 87 Grad Neigung) sowie der 30 mm dicken, wesentlich stärker geneigten Aufbaupanzerung konnte das Sturmgeschütz dem Beschuß aus der 76,2-mm-Kampfwagenkanone des russischen T-34 widerstehen, wenn dieser nicht näher als 500 m herankam. Die Kanone durchschlug auf diese Distanz 69 mm Panzerstahl. Prinzipiell galt das auch für die 76,2-mm Divisionskanone 42 (ZIS-3) der Roten Armee, die jedoch wesentlich schwerer zu erkennen und zu bekämpfen war. Beschußempfindlich blieben beim Sturmgeschütz die Seiten- und die Heckpanzerung. Eine Schwachstelle war auch die 45-50 mm starke Rohrwiegenpanzerung. An ihre Stelle trat ab November 1943 teilweise eine gegossene Rohrwiegenpanzerung, der sogenannte »Saukopf«. Nachteilige Folgen der verstärkten Panzerung ergaben sich für das Fahrwerk, welches im vorderen Bereich einem größeren Verschleiß unterlag.
Das Sturmgeschütz aus dem Jahr 1943 präsentierte sich im Vergleich zum Jahr 1941 als ein um zwei Tonnen schwereres Panzerfahrzeug mit verminderter Beweglichkeit (der spezifische Bodendruck betrug nun 1,10 kp/cm^2, voher 0,91 kp/cm^2). Die leistungsfähige Bewaffnung und die starke Panzerung im Frontbereich verliehen ihm einen stärker defensiven Charakter, ohne daß die Fähigkeit zu räumlich begrenzten Gegenstößen im Rahmen der beweglichen Kampfführung gänzlich verloren gegangen wäre. Aus der typischen Angriffswaffe der Infanterie war innerhalb eines kurzen Zeitraumes eine Abwehrwaffe geworden. Hauptzielgruppe: Die gegnerischen Panzerkampfwagen.
Die Bedeutung des Sturmgeschützes stieg um ein Vielfaches. Dafür gab es verschiedene Gründe:

1. Die Initiative des Handelns ging im Verlaufe des Jahres 1943 an allen Fronten auf die Gegner Deutschlands über. Eigene Gegenstöße erhielten immer stärker einen räumlich und zeitlich begrenzten Charakter, etwa um Einbrüche in die eigene Verteidigung zu beseitigen. Damit waren die Infanteriedivisionen oft überfordert. Häufig blieben solche Angriffe der Infanterie, wurden sie ohne Unterstützung und Begleitung der Sturmgeschütze vorgebracht, im Ansatz stecken.
2. Trotz gewaltiger Rüstungsanstrengungen Deutschlands wendete sich auch auf diesem Gebiet das Blatt im Jahr 1943 zu Ungunsten Deutschlands. Einen Rüstungswettlauf

Dieses Sturmgeschütz III der E-Ausführung wurde bei der Sturmgeschütz-Ersatz- und Ausbildungsabteilung 200 in Schweinfurt als Fahrschulwagen hergerichtet. Dafür ist die Sturmkanone ausgebaut worden. Aufnahme vom Januar 1943.

Blick in eine Fahrzeughalle der Sturmgeschütz-Ersatz- und Ausbildungsabteilung 200. Sie war bereits im Juni 1941 in Schweinfurt zur Aufstellung gekommen. Die Ausbildung erreichte im Frühjahr 1944 ihren Höhepunkt; zu diesem Zeitpunkt befanden sich dort 5000 Sturmartilleristen.

mußte Deutschland auf lange Sicht verlieren, das war im Reichsministerium für Bewaffnung und Munition sowie in den anderen damit befaßten Dienststellen wohlbekannt. Die Abteilung Fremde Heere Ost (II d) meldete 1943 allein für Sowjetrußland eine Jahresproduktion von 26500 Panzern und Sturmgeschützen. Nach russischen Quellen waren es 24188, davon 16500 schwere und mittlere Panzer, weiterhin 4000 Selbstfahrlafetten. Kein Wunder also, wenn der Panzer zu dem das Schlachtfeld beherrschenden Kampfmittel wurde und allgegenwärtig war.

3. Die deutsche Panzerwaffe hatte in den Feldzügen der Jahre 1941/42 erhebliche Verluste hinnehmen müssen. Ihr neuer Generalinspekteur, Generaloberst Guderian, unternahm 1943 alles, um die Verbände zu reorganisieren und neu auszustatten. Von den neuerlichen schweren Verlusten in der Panzerschlacht um den Kursker Bogen erholte sich die Panzertruppe nicht mehr. Sie konnte nur noch an besonderen Brennpunkten in das Kampfgeschehen eingreifen. Um so mehr benötigten deshalb die Infanterieverbände die Sturmgeschütze als ein den gegnerischen Panzern an Beweglichkeit, Feuerkraft und Panzerschutz ebenbürtiges Kampfmittel.

4. Die Qualität der deutschen Infanterie war 1943 nicht mehr mit der vom Beginn des Feldzuges im Osten, im Juni 1941, vergleichbar. Ihre fehlende Zahl und Angriffs- bzw. Widerstandskraft ist schon im Juli 1943 im Verlauf der Kursker Schlacht als deutlicher Mangel empfunden worden. Die verstärkte Zuteilung von Sturmgeschützen sollte helfen, diese Qualitätsverluste auszugleichen. Erinnert sei an dieser Stelle an eine alte militärische Erfahrung aus der Zeit der Schlesischen Kriege im 18. Jahrhundert: Je schlechter die Infanterie desto wichtiger die Artillerie.

Eine gepanzerte Selbstfahrlafette für Sturmgeschütz 7,5-cm-Kanone, Ausführung G. Gut zu erkennen ist der verbreiterte Panzeraufbau und die Kommandanten-Kuppel. Ab Mai 1943 wurden die ersten Sturmgeschütze mit 80-mm-Bugblechen ausgeliefert.

Auffällig an diesem Sturmgeschütz III, Ausführung G, sind die schmalen Panzerschürzen an den Seiten. Aufnahme vom Sommer 1943.

Bereits im Dezember 1941 ist die Bestückung des Sturmgeschützes mit einer Waffe angeregt worden, deren Munition eine größere Spreng- und Splitterwirkung erzielen konnte, als sie bei der 7,5-cm-Sturmkanone gegeben war. Ende 1942 lief die Serienfertigung der 10,5-cm-Sturmhaubitze an. Ab Februar 1943 kam sie baugleich mit der G-Ausführung des Sturmgeschütz III zur Auslieferung. Das Geschütz war von der Firma Rheinmetall GmbH aus der 10,5-cm-leichten Feldhaubitze entwickelt worden. Im Gegensatz zur Sturmkanone mußte die Sturmhaubitze 42 mit getrennter Munition geladen werden, zuerst das Geschoß, anschließend die Kartuschhülse. Die technisch mögliche Höchstschußweite von 10650 bzw. 12325 m hat in der Praxis eine geringere Rolle gespielt (weshalb ab September 1944 auch auf die Mündungsbremse verzichtet werden konnte). Es ging vielmehr darum, Ziele auf dem Gefechtsfeld in Entfernungen bis 2000 m mit der 15,55 kg schweren Feldhaubitzgranate (1,38 kg Sprengstoff) wirkungsvoll unter Beschuß zu nehmen. Wirksame Splitter flogen nach dem Zerknall der Granate nach den Seiten bis zu 40 m und nach vorn bis 10 m weit. Der Vorteil wird deutlich, vergleicht man diese Angaben mit denen der 7,5-cm-Sprenggranate 34 der 7,5-cm-Sturmkanone 40. Das Geschoß wog 5,74 kg, enthielt 0,68 kg Sprengstoff. Eine Splitterwirkung ließ sich nach den Seiten bis 15 m, nach vorn bis 7 m Entfernung erzielen.

Für die Bekämpfung gepanzerter Fahrzeuge führte jede Sturmhaubitze in ihrem Kampfsatz neben 26 Sprenggranaten 10 Hohlladungsgeschosse nebst den Kartuschen mit. Die Durchschlagsleistung gegen Panzerstahl ist für die 10-cm-Granate 39 rot/HL/B mit 90 mm und für die HL/C sogar mit 100 mm angegeben. Eine ausreichende Leistung, die unabhängig von der Entfernung erzielt werden konnte. Die Besatzungen der Sturmhaubitzen sahen sich dennoch im Kampf mit gegnerischen Panzerkampfwagen mit einer ganzen Reihe von Problemen konfrontiert. Aus der geringen Anfangsgeschwindigkeit der Hohlladungsgranaten (495 m/s) ergab sich eine Entfernung für das direkte Richten von 500 m abwärts. Dazu kam die geringe Feuergeschwindigkeit, die bei drei bis fünf Schuß in der Minute lag. Feuer- und Rauchentwicklung beim Abschuß waren größer als bei der 7,5-cm-Sturmkanone, weshalb die Stellung der Sturmhaubitze viel schneller ermittelt werden konnte. Auf Entfernungen unterhalb von 500 m, das wurde an anderer Stelle bereits ausgeführt, bot die Frontpanzerung des Sturmgeschützes keinen Schutz mehr vor dem Beschuß aus Panzerkanonen.

Das Sturmgeschütz III, Ausführung G, im Vergleich mit der Sturmhaubitze. Hergestellt worden war das Fahrzeug mit der Fahrgestell-Nummer 95219 bei der Firma MIAG im Mai 1943. Es ging vermutlich auf dem italienischen Kriegsschauplatz verloren, denn es war eins der ersten Sturmgeschütze dieser Bauart, welches von den Alliierten ausgewertet wurde (vgl. Aufschrift am Panzeraufbau).

Seitenansicht der Sturmhaubitze III, Ausführung G. Grundsätzlich war sie vom Sturmgeschütz mit 7,5-cm-Sturmkanone 40 nur durch das kürzere, gedrungene Rohr der 10,5-cm-Sturmhaubitze 42 zu unterscheiden. Sturmhaubitzen sind nur bei Alkett gebaut worden; ihr Anteil an der Sturmgeschützfertigung war rückläufig. Insgesamt wurden bis 1945 1299 Stück montiert.

Mit Wirkung vom 2. März 1943 erfolgte die Eingliederung von Sturmhaubitzen in Sturmgeschützbatterien gemäß Kriegsstärkenachweis 446 a vom 1. November 1942. Diese konnten nun mit sieben 7,5-cm-Sturmgeschützen 40 (Sd.Kfz. 142/1) und drei 10,5-cm-Sturmhaubitzen 42 (Sd.Kfz. 142/2) oder wie bisher üblich, nur mit Sturmgeschützen ausgestattet werden. Zu Beginn der Kämpfe im Kursker Bogen waren Sturmhaubitzen bei neun Sturmgeschützabteilungen vorhanden, wovon acht unmittelbar in die Kämpfe einbezogen wurden. Wie unterschiedlich teilweise die Ausstattung und Verteilung der Sturmhaubitzen in den Abteilung gehandhabt worden ist, zeigt ein Bericht über die Sturmgeschützabteilung 261 vom 6. September 1943. Sie war in Schweinfurt und Altengrabow neu aufgestellt und nach Poltawa transportiert worden. Bei einer Gesamtstärke von 31 Fahrzeugen befanden sich bei der

1. Batterie sieben 7,5-cm-Sturmkanonen 40 und drei 10,5-cm-Sturmhaubitzen 42, bei der
2. Batterie zehn 7,5-cm-Sturmkanonen 40 und bei der
3. Batterie neun 7,5-cm-Sturmkanonen 40 und eine 10,5-cm-Sturmhaubitze 42.

Eine Streitmacht, an der sich der Abteilungskommandeur Hauptmann Kokott nur selten erfreuen konnte. Sturmgeschützabteilungen brachten nur in wenigen Fällen mehr als 20 Sturmgeschütze zu einem geschlossenen Einsatz.

Die Fertigung der Sturmhaubitze 42 unterlag starken Schwankungen. Im Mai 1943 sind 45 Sturmhaubitzen abgenommen worden, im August des Jahres nur 5 (Soll 30). Im Mai 1944 waren es 46. Bereits Mitte Oktober 1943 regte der Reichsminister für Waffen und Munition, Albert Speer, auf der Grundlage vorliegender Frontberichte die Neuverteilung der Fertigung von Sturmhaubitzen und Sturmgeschützen an. Die Sturmhaubitze erfreute sich, weil für den Kampf gegen Panzer nur bedingt geeignet, immer geringerer Beliebtheit. So ist es nicht verwunderlich, wenn im Dezember 1944 der Abnahme von 452 Sturmkanonen 40 lediglich 40 Sturmhaubitzen 42 gegenüber standen.

Die Sturmgeschützwaffe ist 1943 zahlenmäßig ausgebaut worden. Im Juli des Jahres befanden sich 26 Sturmgeschützabteilungen und zwei Batterien an der Ostfront. Bei den Heeresgruppen Mitte und Süd sind die Sturmgeschützabteilungen Nr. 177, 185, 189, 228, 244, 245, 904, 905, 909, 911 und die Sturmgeschützabteilung »Großdeutschland« unmittelbar in die heftigen Kämpfe um den Kursker Bogen mit einbezogen. Insgesamt waren hier 533 Sturmgeschütze im Einsatz, das entspricht 55 Prozent des Bestandes beim Ostheer. Sturmgeschütze gehörten zu diesem Zeitpunkt schon lange nicht mehr nur zur Sturmgeschützwaffe. Mittlerweile waren sie in zahlreichen anderen Verbänden anzutreffen. Die Divisionen und Brigaden der Waffen-SS verfügten in der Regel über eine eigene Batterie, manchmal sogar über eine Abteilung. Eine ähnliche Entwicklung zeigte sich bei einigen Divisionen der Luftwaffe, die auch eigene Sturmgeschützabteilungen erhielten. Beim Heer befanden sich weitere Divisionen mit einer eigenen Sturmgeschützabteilung oder -batterie. Dazu müssen die Panzergrenadierdivision »Großdeutschland« und die im Oktober 1943 aufgestellte 18. Artilleriedivision gezählt werden (Sturmgeschützbatterie 741).

In der Kraftfahrausbildung bewährt haben sich die beim Ersatzheer häufig verwendeten Falsch-Richtig-Bilder, hier mit dem Beispiel, wie Baumstümpfe mit dem Sturmgeschütz zu überwinden waren.

Eine gepanzerte Selbstfahrlafette für Sturmgeschütz 7,5-cm-Kanone, Ausführung F. Diese Fahrzeuge waren 1943 noch recht zahlreich in den Sturmgeschützeinheiten anzutreffen. Vereinzelt gab es auch Sturmgeschütze, ältere Baureihen, die im Zuge der Generalinstandsetzung nachträglich mit der 7,5-cm-Sturmkanone 40 bewaffnet wurden.

Einsatzbilder vom Sommer 1943. In einem Ausbildungsmerkblatt heißt es über die Verwendung der Sturmgeschütze: »Bis zum letzten Mann muß der Wahlspruch des Infanteristen auch für die Sturmgeschütze Geltung haben. »Vorwärts und ran an den Feind!« Sturmgeschütze sind eine Angriffswaffe und geben der Infanterie unmittelbare, kampfkräftigste Unterstützung durch Bewegung, Feuer und Stoßkraft«.

Bei diesem Sturmgeschütz wurde die Bugpanzerung der Wanne bzw. die Frontpanzerung des Aufbaus durch aufgeschraubte 30 mm dicke Bleche auf 80 mm gebracht. Fahrzeuge dieser Bauart sind bis Oktober 1943 (Wanne) bzw. Juni 1944 (Aufbau) ausgeliefert worden.

In einem weiteren Merkblatt für die Sturmartilleristen heißt es über die Ausrüstung des Geschützes: »Alles Gerät nach erprobtem Plan unterbringen. Unterbringung niemals grundlos ändern...« In der Praxis sah es, wie dieses Bild von einem überladenen Sturmgeschütz zeigt, anders aus. Häufig wurden die Munitionshalterungen entfernt, um einen größeren Kampfsatz als 54 Granatpatronen mitführen zu können. Viele Dinge fanden auf und im Sturmgeschütz Platz, die dazu dienten, das schwere Los der Soldaten zu erleichtern: Verpflegung, Bekleidung, Kochgerät, Decken und Zeltbahnen.

Mit der Möglichkeit des Auftretens feindlicher Panzerkampfwagen mußten die Sturmgeschützbesatzungen immer rechnen. Dabei kam es darauf an, das Feuer als erster aus möglichst geringer Distanz zu eröffnen, um sofort Wirkung zu erzielen. Die rasante Flugbahn der Geschosse, die mit den Langrohrgeschützen erzielt werden konnten, zwang dazu auf freies Schußfeld zu achten. Auf Entfernungen bis 900 m war ein Überschießen der eigenen Infanterie wegen der geringen Flughöhe nicht zu verantworten.

Großer Wert wurde auf die Tarnung der Sturmgeschütze und ihren überraschenden Einsatz gelegt: »Je überraschender die Sturmgeschütze auftreten, um so größer ist die Wirkung. Weiß der Feind, das Sturmgeschütze vorhanden sind, rechnet er mit einem Angriff und verstärkt seine Abwehr«.

Sieger und Besiegter auf dem Schlachtfeld. Im Kriegsverlauf brachten die Sturmgeschütze den russischen Panzertruppen empfindliche Verluste bei und hielten sich diesen Gegner in schweren Kämpfen auf respektvolle Distanz. Ein nachhaltiger Einfluß auf den Kriegsverlauf blieb angesichts der ins schier unermeßliche steigenden Produktionszahlen russischer Panzerwerke (1943 24188 und 1944 28984 Panzer) aus.

Gefährlicher waren für die Sturmgeschütze, weil schwer zu erkennen, die zahlreichen und auf dem Gefechtsfeld gut getarnt in Stellung gebrachten Panzerabwehr- und Feldkanonen der Roten Armee. Zum Beispiel verfügte eine Panzerjägerbrigade über 72 57- und 76-cm-Kanonen. Hier ist allerdings das Sturmgeschütz Sieger im Duell mit einer russischen 76-cm-Divisionskanone Modell 1942 (ZIS-3) geblieben.

Allheilmittel Sturmgeschütz

Beginnend Anfang 1943 sind Panzerjägerabteilungen verschiedener Divisionen mit einer eigenen Sturmgeschützabteilung ausgerüstet worden. Das X. Armeekorps erhielt am 10. September 1943 ein Fernschreiben, wonach Personaleinheiten je einer Panzerjägerkompanie (mot.Z.) der 6. und der 7. Infanteriedivision zur Umgliederung, Auffrischung und Umrüstung auf Sturmgeschütze zu den Panzerjägerersatz- und Ausbildungsabteilungen 1 (Allenstein/Ostpreußen) und 7 (München) verlegt werden mußten. Die 2./Panzerjägerabteilung 7 befand sich als Sturmgeschützabteilung Ende 1943 schon wieder bei ihrer Division, nachdem im Heereszeugamt Magdeburg die Fahrzeuge abgeholt worden waren. In mehrfacher Hinsicht irreführend war die Bezeichnung Sturmgeschützabteilung. Erstens entsprach ihre Stärke gerade einmal der einer Sturmgeschützbatterie. Zweitens unterstanden die Panzerjägerabteilungen in den Infanterie-, Jäger-, Gebirgsjäger-, Panzergrenadier- und später auch den Volksgrenadierdivisionen nicht der Artillerie, sondern den Panzertruppen. Folgerichtig erhielten sie die Bezeichnung Jagdpanzerkompanie. Deswegen und weil ihre Gliederung und ihre Einsatzgrundsätze von denen der Sturmgeschützwaffe abwichen, werden sie hier nicht ausführlicher dargestellt und behandelt. Aus technischer Sicht stellen die Sturmgeschütze ohnehin nur eine Übergangslösung dar; sie wurden 1944/45 in den Panzerjägerabteilungen der Infanteriedivisionen durch Jagdpanzer 38 »Hetzer« abgelöst. In den Panzergrenadier- und Panzerdivisionen kamen dafür Jagdpanzer IV zum Einsatz.

Die Verwendung von Sturmgeschützen in den Panzerabteilungen einiger Panzergrenadier- und Panzerdivisionen des Heeres und der Waffen-SS ist ein weiteres interessantes Thema, welches an dieser Stelle aus den bereits genannten Gründen nicht breiter dargestellt werden soll. Als Hauptursache muß der sich Anfang 1943 abzeichnende Mangel an Panzerkampfwagen angeführt werden. Generaloberst Heinz Guderian bemühte sich zu dieser Zeit darum, die Panzertruppen zu reorganisieren. Er plante, alle Sturmgeschützeinheiten der Artillerie in die Panzertruppen zu übernehmen. Das hatte, wie Guderian in seinen Erinnerungen schreibt, einen guten Grund, denn »...die Produktion an Sturmgeschützen bildete einen erheblichen Teil der Panzerproduktion«. Mit der allmählichen Verschmelzung von Sturmgeschütz- und Panzerjägerabteilungen sollte vor allem die Leistungsfähigkeit der stark beanspruchten Panzerabwehr angehoben werden. Was der Generalinspekteur der Panzertruppen nicht geschrieben hat, war die Tatsache, daß eine so starke Konzentration der Produktion und Verwendung aller Panzerfahrzeuge unter dem Dach der Panzerwaffe zu einer weiteren rapiden Verschlechterung des Gefechtswertes der Infanterieverbände geführt hätte. Dieses konnte im Interesse der weiteren Kriegführung nicht so hingenommen werden. Ein »Führer«-Entscheid vom 13. März 1943 beendete die Auseinandersetzung: »Die Sturmgeschütze verbleiben wie bisher bei der Artillerie und haben den Zweck, weiterhin der Infanterie als gepanzerte Begleitartillerie zu dienen. Soweit Sturmgeschützabteilungen an Panzerdivisionen abgegeben werden, treten sie für diese Zeit unter die Betreuung des Generalinspekteurs der Panzertruppen«. Guderian konnte sich mit seinen Plänen nicht durchsetzen. Was er erreichte, war, daß aus der laufenden Monatsproduktion ab Mai 1943 je 100 Sturmgeschütze an die Panzertruppen abgegeben wurden, um Panzerabteilungen in Panzergrenadier- und Panzerdivisionen sowie Sonderformationen damit auszustatten. Auch das sollte eine Übergangslösung sein, wie bei den Panzerjägern. Panzerkompanien, die mit Sturmgeschützen ausgerüstet waren, gliederten sich in drei oder vier Züge mit insgesamt 14 bzw. 22 Fahrzeugen. Die III./ Panzerregiment 24 (24. Panzerdivision) erhielt zum Beispiel zwei Schwadrone mit Sturmgeschütz III. Bei der 14. Panzerdivision war die komplette zweite Abteilung des Panzerregimentes 36 damit ausgestattet, und bei der 16. Panzerdivision war es die dritte Abteilung.

Trotz zahlreicher Vorzüge der Sturmgeschütze, die sich bei richtiger Verwendung vor allem in der Verteidigung vorteilhaft auswirken konnten, wurde die Ausstattung einiger Panzerab-

teilungen mit Sturmgeschützen dem Wesen der Panzerwaffe nicht gerecht. Das geht aus zahlreichen Einsatzberichten hervor. Trotzdem ist sie bis zum Kriegsende praktiziert worden.
Auf die technische Weiterentwicklung der Sturmgeschützwaffe blieb diese Art der Verwendung nicht ohne Einfluß. Das traf sich mit der in den Sturmgeschützabteilungen spürbar werdenden Tendenz, nach der das Sturmgeschütz immer stärker in die Rolle eines Infanteriebegleitpanzers gedrängt wurde. Um dieser Art und Weise des Einsatzes zu entsprechen, war es notwendig dem Sturmgeschütz zusätzlich zur Kanone Kampfmittel mit auf den Weg zu geben, die es ermöglichen sollten, die gegnerische Infanterie (und nicht nur Panzernahbekämpfer) wirkungsvoll zu bekämpfen. Das schon 1942 eingeführte MG-Schutzschild vor der Ladeschützenluke genügte diesen Anforderungen nicht mehr; es bot nur ungenügenden Schutz. Deshalb ging im April 1944 ein aus dem Kampfraum, unter Panzerschutz zu bedienendes Rundumfeuer-Maschinengewehr in die Truppenerprobung. Es wurde im Verlaufe des Jahres eingeführt. Eine besondere Nahverteidigungswaffe ist im Mai 1944 zur Einführung gekommen, trat aber wegen Materialmangel bei den Sturmgeschützen selten in Erscheinung. Und schließlich ist 1944 begonnen worden, in der Rohrwiegenpanzerung ein koaxiales Maschinengewehr zu lafettieren. Die Truppe hat diese Lösung schon 1943 gefordert. Eigentlich fehlte dem Sturmgeschütz jetzt nur noch der gepanzerte Drehturm.

Wichtige Planungsgrundlagen für die Produktion und Verwendung von Sturmgeschützen gehen aus einer Stellungnahme des Generalinspekteurs der Panzertruppen (Abt.Org.Nr. 2190/43 g.Kdos) vom 18. Dezember 1943 zur Rüstungsstudie vom Generalstab des Heeres für das Jahr 1944 hervor. Unter anderem wurde der angeregten Typenbereingung zugestimmt, wonach aber nicht das Sturmgeschütz III zu den Haupttypen zählen sollte, sondern das Sturmgeschütz IV. Dessen Herstellung war im Dezember 1943 gerade einmal bei der Firma Krupp-Gruson in Magdeburg an Stelle des Panzerkampfwagen IV angelaufen. In seiner Stellungsnahme forderte der Generalinspekteur eine durchschnittliche Monatsfertigung von 650 Sturmgeschützen. Sie sollten wie folgt verteilt werden:

1. Für die Ausstattung von monatlich zehn Panzerjägerkompanien in den Infanteriedivisionen - Kontingent 100 Sturmgeschütze

Im September 1943 wurde eine Kompanie der Panzerjägerabteilung 7 (7. Infanteriedivision) mit 10 Sturmgeschützen ausgerüstet. Die Fahrzeuge sind im Heereszeugamt Magdeburg abgeholt worden. Ihre Nachrüstung mit Panzerschürzen und zusätzlichen Kettengliedern am Wannenbug erfolgte bei der Truppe. Das hier gezeigte Fahrzeug trägt die Nummer 212 (für zweite Kompanie der Panzerjägerabteilung 7, erster Zug zweiter Wagen).

Sturmgeschütze bei der Panzertruppe - hier bei der Panzerabteilung 5 der 25. Panzergrenadierdivision. Die Panzerabteilung kam im Herbst 1943 zu diesem Verband und war in drei Kompanien zu 17 Sturmgeschützen und den Stab von drei Panzerbefehlswagen III gegliedert. Sie wurde im Kessel von Minsk vernichtet.

Sturmgeschütze sollten nur in Ausnahmefällen zur Ausstattung einzelner Panzerabteilungen von Panzer- und Panzergrenadierdivisionen verwendet werden. Durch ihren niedrigen Aufbau waren sie dem Feindfeuer weniger ausgesetzt. Dafür zeigten sie sich im Nahkampf als leichter verwundbar und waren im Kampf mit der feindlichen Infanterie weniger selbständig. Ihre Verwendung sollte möglichst nur in enger Verbindung mit den Panzergrenadieren erfolgen.

Die Ausstattung der Sturmgeschütze mit optischen Geräten bei der Panzertruppe unterschied sich nicht von der in den Fahrzeugen der Sturmartillerie. Rundblickfernrohr 32, SFL-Zielfernrohr 1a und Scherenfernrohr SF 14 Z.

Bei Verwendung von Sturmgeschützen in Panzerabteilung ergeben nach einem Erfahrungsbericht der III./ Panzerregiment 36 (14. Panzerdivision) vom Dezember 1943 folgende Nachteile im Angriff: Um links oder rechts auftauchende Ziele zu bekämpfen, mußte sich das Sturmgeschütz immer mit der Front zum Feind wenden; das verlangsamte Feuer und Bewegung. Es fehlte ein unter Panzerschutz zu bedienendes Maschinengewehr.

Ein Sturmgeschütz III, Ausführung G, beim Panzerregiment 33 (9. Panzerdivision). Dieses Regiment ist bereits 1943 im Osten mit einigen Panzerkompanien zu 14 Sturmgeschützen in Erscheinung getreten. Um Engpässe in der Panzerfertigung auszugleichen, wurde eine Kompanie der I./Panzerregiment 33 im Dezember 1944 erneut damit ausgestattet und kam im Westen zum Einsatz.

2. Für die Aufstellung und Auffüllung von 40 Sturmgeschützabteilungen der Artillerie zu je 45 Sturmgeschützen - monatliches Kontingent 200 Sturmgeschütze
3. Für die Auffüllung aller Panzerabteilungen der Panzergrenadierdivisionen
4. Für die Auffüllung einer Panzerabteilung (FKL) und sieben Panzerkompanien (FKL)

Allein die befohlene Aufstellung von 120 Jagdpanzerkompanien (Sturmgeschütz- oder Panzerjägerkompanien) der Infanterie verband sich mit einem tatsächlichen Bedarf von 2040 Sturmgeschützen und leichten Panzerjägern. Nach einem Richtwertprogramm der Montagefirmen für Panzerkampfwagen 1944/45 sollte das Sturmgeschütz III bis November 1944 mit 500 Stück und Sturmgeschütz IV bis März 1945 mit 100 bis 130 Stück zur Auslieferung kommen. Die Serienfertigung beider Modelle könne dann im Mai 1945 mit 50 Stück, bzw. im Juni des Jahres mit 100 Stück auslaufen. So die Vorstellungen der Rüstungsplaner. Die Realität sah anders aus. Waren es im November 1944 noch 365 Sturmgeschütze III und 80 Sturmgeschütze IV, die vom Heereswaffenamt abgenommen wurden, verminderte sich diese Zahl bis zum April 1945 auf 96 Sturmgeschütze III und drei Sturmgeschütze IV (Angaben einschließlich der Zahlen für Sturmhaubitzen).

Im April, Mai und Juni 1943 wurden insgesamt 61 Sturmgeschütze an Funklenk-Panzerkompanien zugewiesen. Nach dem Kriegsstärkenachweis 1171 f vom 1. Januar 1943 und dem 1. Juni 1944 verfügte jede Kompanie über 10 Sturmgeschütze als Leitpanzer und 36 Ladungsträger (Sd.Kfz. 301).

Die Sturmgeschützkompanie der Panzerabteilung Rhodos erhielt ähnlich wie die Sturmgeschützbatterie des Sonderverbandes 287 Sturmgeschütze mit Tropenausrüstung. Letztere waren in einer Batterie zu sieben Geschützen gegliedert und für den Einsatz bei der deutsch-italienischen Panzerarmee in Nordafrika vorgesehen. Im Bild eine Sturmhaubitze.

Die komplizierten Wege- und Straßenverhältnisse im Osten führten in vielen Fällen zum Verlust schwerer Waffen und Fahrzeuge. Ihre Bergung gestaltete sich oft schwierig oder scheiterte am Mangel geeigneter Bergemittel. Diese Bildfolge zeigt drei Phasen der Bergung eines Sturmgeschützes, das in die Eisdecke eines Flusses eingebrochen war.

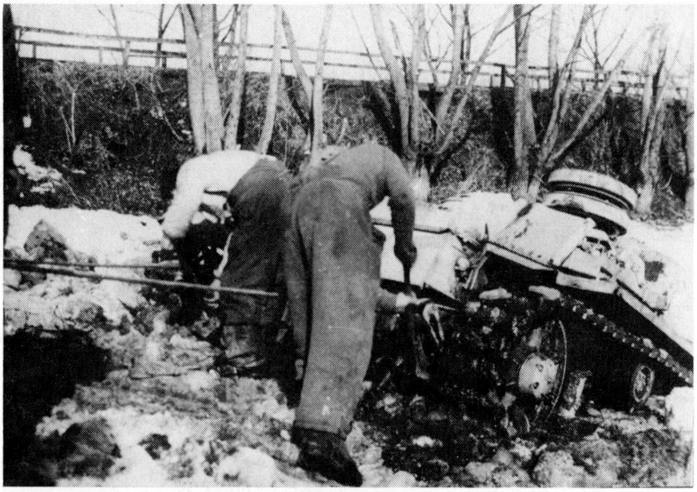

Abschleppen eines Sturmgeschützes, das in ein russisches Minenfeld geraten war und beim Zerknall einer Panzermine einen Kettenschaden davongetragen hatte. Das Bergen durch Sturmgeschütze wurde wegen der Überlastung der Antriebsanlage nicht gern gesehen, war aber insbesondere beim zersplitterten Einsatz der Batterien übliche Praxis. Die Abschleppstaffeln und Instandsetzungsdienste konnten in diesen Fällen eine geordnete Versorgung der Sturmgeschützbatterien nicht immer sicherstellen.

Bei der Sturmgeschützabteilung 190, die im Oktober 1943 in Sturmgeschützbrigade umbenannt worden ist, hatten die Instandsetzungsdienste alle Hände voll zu tun, um beschädigte Selbstfahrlafetten wieder einsatzbereit zu machen. So verlor allein die 1. Batterie am 8. November 1943 die Hälfte ihrer Fahrzeuge, als sie beim Zurückgehen in ein eigenes Minenfeld geriet.

Anpassung durch veränderte Organisation

Am 1. Februar 1944 trat ein neuer Kriegsstärkenachweis in Kraft (K.St.N. 446b). Nach diesem verfügte eine Sturmgeschützbatterie über vier Züge, wovon einer drei 10,5-cm-Sturmhaubitzen 42 hatte. Drei Züge waren mit je drei 7,5-cm-Sturmkanonen 40 ausgestattet. Zusammen mit den zwei Sturmgeschützen beim Batterieführer ergab das 14 Fahrzeuge in jeder Batterie. Die Abteilung mit drei Batterien verfügte einschließlich der drei Sturmgeschütze beim Stab über 45 Sturmgeschütze. Ältere Kriegsstärkenachweise behielten ihre Gültigkeit.

Am 25. Februar 1944 ist die Umgliederung der Sturmgeschützabteilungen in Sturmgeschützbrigaden verfügt worden. Fast parallel dazu wurde im Februar mit der Aufstellung von Sturmgeschütz-Begleitbatterien begonnen. Sie sollten aus besonders kampferfahrenen Infanteristen bestehen und für die Zusammenarbeit mit dem Sturmgeschützen ausgebildet werden. Ihre Aufgaben bestanden in der Begleitung der Sturmgeschütze im Angriff und ihrer Sicherung bzw. Verteidigung. Sie sollten die bessere Ausnutzung der Stoßkraft von Sturmgeschützen gewährleisten und die Einsatz- und Angriffsfreudigkeit steigern. Maßnahmen, wie die Bildung der Begleitbatterien, sind bezeichnend für das mittlerweile deutlich zutage tretende Leistungsdefizit bei der Infanterie. Die Sturmgeschützwaffe, auf die Zusammenarbeit mit der Infanterie angewiesen, mußte immer öfter Verluste hinnehmen, die auf schlechte Zusammenarbeit und mangelndes Verständnis für ihre Belange zurückzuführen waren.

Mit der Eingliederung von Begleitbatterien wurden die bisherigen Sturmgeschützbrigaden als Sturmartilleriebrigaden bezeichnet. Übrigens sind im Oktober 1944 ähnliche Umgliederungen in den Jagdpanzer- (Sturmgeschütz-) kompanien der Panzerjägerabteilungen der Infanteriedivisionen vorgenommen worden. Sie erhielten Granadierbegleitzüge. Während sich solche Gliederungen bewährt haben, war den Begleitpanzerbatterien (nach K.St.N. 447 Behelf) mit 12 Panzerkampfwagen II (2 cm) (Sd.Kfz. 121) keine lange Existenz beschert. Sie wurden noch 1944 aufgelöst.

Im Juni 1944 ist die Ausstattung der Brigadestäbe mit Sturmgeschützen einheitlich geregelt worden. Damit ergaben sich Gesamtstärken für Sturmgeschützbrigaden mit je 31 bzw. 45 Sturmgeschützen. Im Juni 1944 standen 48 Sturmgeschütz- und drei Sturmartilleriebrigaden zur Verfügung, wovon 33 im Osten eingesetzt wurden. 12 Brigaden sind zu dieser Zeit zur Auffrischung im Heimatkriegsgebiet gewesen. Aus dieser Verteilung ergaben sich eindeutige Einsatzschwerpunkte der Sturmartillerie, die im Osten lagen. Hier wurden im harten Abwehrkampf wesentliche Einsatzerfahrungen gesammelt, welche die Organisation, Ausbildung und die Einsatzgrundsätze mitbestimmten, und sie zugleich laufenden Veränderungen unterwarfen.

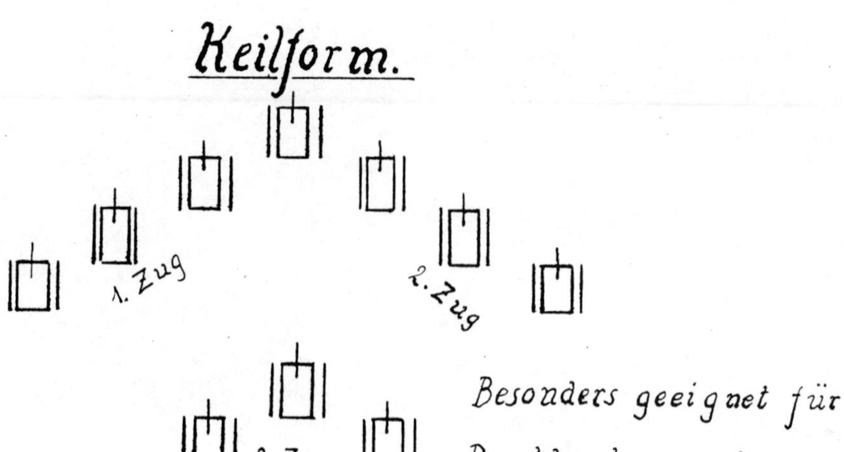

Die Heeres-Sturmartillerie-Brigade mit drei Batterien zu je 14 Geschützen (nach K.St.N.446B) Juni 1944

Abteilungschef

Stab
(drei Stugsch)

Stabsbatterie mit Gruppe Führer
Nachrichtentrupp
Nachschubstaffel
Sanitätstrupp
Instandsetzungsdienst
Ersatzteilgruppe
Bergetrupp
Batterietroß
Verpflegungstroß der Brigade

1. Sturmgeschützbatterie
- mit Gruppe Führer (ein Stugsch, eine StuH)
- mit Gefechtsbatterie
  - Geschützstaffel (zwei Züge mit je vier Stugsch, ein Zug mit vier StuH)
  - Munitionsstaffel
  - Kraftfahrzeug-Instandsetzungsstaffel
- mit Batterietroß

2. Sturmgeschützbatterie
- mit Gruppe Führer (ein Stugsch, eine StuH)
- mit Gefechtsbatterie
  - Geschützstaffel (zwei Züge mit je vier Stugsch, ein Zug mit vier StuH)
  - Munitionsstaffel
  - Kraftfahrzeug-Instandsetzungsstaffel
- mit Batterietroß

3. Sturmgeschützbatterie
- mit Gruppe Führer (ein Stugsch, eine StuH)
- mit Gefechtsbatterie
  - Geschützstaffel (zwei Züge mit je vier Stugsch, ein Zug mit vier StuH)
  - Munitionsstaffel
  - Kraftfahrzeug-Instandsetzungsstaffel
- mit Batterietroß

Begleitgrenadier-Batterie
- mit Gruppe Führer
- mit Batterietrupp
  - drei Züge (Stärke 0/5/38)
  - ein Pionierzug (Stärke 1/5/42)
  - Batterietroß

Gesamtstärke
30 Stugsch III (Sd.Kfz.142/1) oder IV (Sd.Kfz.163)
15 StuH III (Sd.Kfz.142/2)
1 Krankenkraftwagen (gp.)(Sd.Kfz.251)
3 Zugkraftwagen 18 t (Sd.Kfz))

Anmerkung Sturmgeschützabteilungen wurden ab 1. Juni 1944 auch in drei Batterien zu drei Zügen mit drei Sturmgeschützen gegliedert, wobei jeweils der 2. Zug drei 10,5-cm- Sturmhaubitzen III (Sd.Kfz.142/2) führen sollte (K.St.N. 446 A)

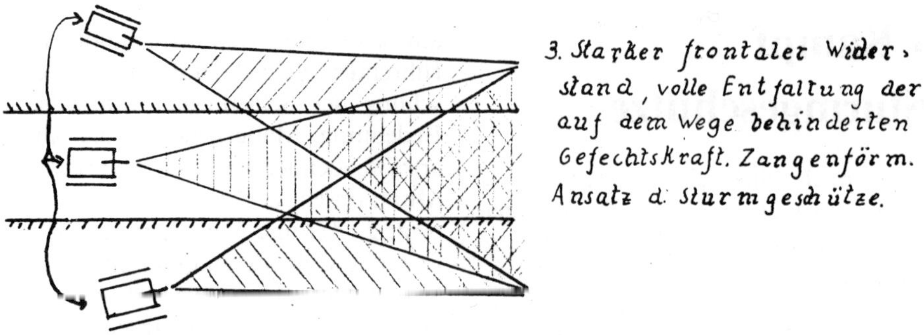

Die Fülle der schießtechnischen und taktischen Erfahrungen aus dem Fronteinsatz der Sturmgeschützabteilungen fand ihren Niederschlag in einer Vielzahl von Merkblättern und Umdrucken, die 1944/45 in kurzen Abständen erschienen. Teilweise dienten einfache Skizzen zur Darstellung vorteilhafter taktischer Formationen zur Führung des Feuerkampfes.

die Wirkungsmöglichkeiten der Waffe eingeschränkt, was aber auch für den Gegner galt. Bei richtigem Kräfteeinsatz und Wahrung des Überraschungseffektes boten Nachteinsätze durchaus Erfolgsaussichten. Es ist deshalb nicht verwunderlich, daß am 1. Januar 1945 das Merkblatt 47a/22 »Das Schießen bei Nacht« herausgegeben wurde. Neben der natürlichen Beleuchtung (Vollmond) sollten verschiedene Mittel, wie die Fallschirmleuchtpatrone 41 und die Gewehrfallschirmleuchtpatrone, zu Vorfeldbeleuchtung eingesetzt werden. Notfalls konnten vor den Sturmgeschützen handelnde Grenadiere durch das »...Inbrandschießen und -setzen von Holzhäusern, Stroh- und Heuhaufen und durch das Abschießen von Leuchtmunition...« weiter vorn liegende Ziele für die Sturmgeschütze beleuchten. Außerdem ist für Sturmkanonen und Sturmhaubitzen ein spezieller Schießscheinwerfer zur Einführung gekommen, dessen Reichweite 600 m betrug. Trotz komplizierter Einsatzbedingungen bot die Verwendung von Sturmgeschützeinheiten bei Nacht, die ebenso wie die Panzerverbände an allen Fronten unter erdrückenden Luftüberlegenheit der Alliierten litten, größere Handlungsfreiheit und Erfolgsaussichten.

Über die Einsatzerfolge der Sturmgeschütze liegen umfangreiche Berichte und teilweise detaillierte Zahlenangaben vor. Obwohl diese bei weitem nicht allein auf dem Gebiet der Panzerabwehr zu suchen sind, wird die Zahl der abgeschossenen Panzer doch immer wieder als wichtige Kennziffer genannt, um den Erfolg dieser Waffe einzuschätzen. Es kann davon ausgegangen werden, daß sie bis zum Ende des Zweiten Weltkrieges weit über 20000 Panzer vernichteten. Russische Panzersoldaten hatten Anweisung, beim Auftreten deutscher Sturmgeschütze das Gefecht abzubrechen, diese nach Möglichkeit in der Flanke zu umgehen und auszumanövrieren.

Zu bemerkenswerten Ergebnissen führen Einzeluntersuchungen über Panzerabschüsse der Sturmgeschütze. Die 10. Armee verfügte im Mai 1944 in Italien über insgesamt 118 Sturmgeschütze, darunter allerdings 56 italienische Beutesturmgeschütze, die für den Kampf gegen Panzer nur wenig brauchbar waren. Von den 432 nachgewiesenen Panzerabschüssen im Abschnitt dieser Armee kamen 33 auf das Konto der Sturmgeschütze. 98 Sturmgeschütze gingen in diesem Zeitraum verloren, davon 50 Fahrzeuge italienischer Herkunft. Ein erheblicher Teil der hohen Verluste war das Ergebnis heftiger alliierter Luftangriffe.

Bei der 9. Armee an der Ostfront wurden im Februar 1945 insgesamt 49 Panzer abgeschossen, davon fast 50 Prozent (24) von Sturmgeschützen und Jagdpanzern. Nur drei Panzerabschüsse kamen auf das Konto von Panzerkampfwagen IV und V. Der hohe Anteil der Panzerabschüsse durch Sturmgeschütze und Jagdpanzer war nur teilweise darauf zurückzuführen, daß die Zahl dieser Fahrzeuge die der Panzerkampfwagen inzwischen erheblich überstiegen hatte. Im Januar 1945 standen den rund 3500 Panzerkampfwagen etwa 4300 Sturmgeschütze gegenüber. Darunter befanden sich Beutesturmgeschütze und die immerhin beachtliche Zahl von 225 Sturmgeschützen mit der kurzen 7,5-cm-Kanone. Letzere waren größtenteils beim Ersatzheer zu finden, wo man Anfang März 1945 insgesamt 446 Sturmgeschütze und Jagdpanzer zählte.

Welche Vorteile Sturmgeschütze im Vergleich zu Panzerkampfwagen für den Feuerkampf mit Feindpanzern boten, zeigt diese Aufnahme anschaulich. Die geringe Höhe ermöglichte eine bessere Anpassung an die Bodenverhältnisse und Vegetation, außerdem erleichterte sie die Tarnung. Hinzu kam, das Sturmgeschütze in der Fertigung weniger Aufwand erforderten. Der Herstellungspreis lag bei 82500,- Reichsmark. Bei einem Panzerkampfwagen III waren es 96183,- Reichsmark.

Aufmerksam beobachtet der Geschützführer durch das Scherenfernrohr SF 14 Z das Gefechtsfeld, um dem Richtschützen sofort auftauchende Ziele zur Bekämpfung mit der Sturmkanone zuzuweisen. Geländeerkundung und Aufklärung mußten während der Dauer des Kampfes nicht abgebrochen werden. Gut zu erkennen der Doppelfernhörer b (1944 durch die Funkhaube a abgelöst) beim Kommandanten.

Zu den bedeutendsten Montagewerken für Sturmgeschütze gehörte die Altmärkische Kettenwerk GmbH in Berlin Tegel (Alkett). Hier wurden 1944 von insgesamt 3840 Sturmgeschützen (Sd.Kfz. 142/1) allein 2520 hergestellt. Hinzu kamen noch einmal 903 Sturmhaubitzen (Sd.Kfz. 142/2).

Alkett fertigte Sturmgeschütze in den Werken Borsigwalde, Spandau und Falkensee, die mehrfach zum Ziel alliierter Luftangriffe wurden. Dieses Bild von der Endmontage entstand im Frühjahr 1944.

Vorbereitung zur Abnahme durch das Heereswaffenamt. Das zweite Fahrzeug im unteren Teil des Bildes ist eine Sturmhaubitze III, Ausführung G (Sd.Kfz. 142/2), deren Fertigung nur bei Alkett erfolgte. Aufnahme vom März/April 1944.

Sturmgeschützfertigung im Alkett-Werk Borsigwalde, Sommer 1943. Alle Sturmgeschütze kommen mit der kastenförmigen Rohrwiegenpanzerung zur Auslieferung; die Sturmhaubitze III (viertes Fahrzeug von rechts) hat eine Mündungsbremse.

Die Firma F. Krupp Grusonwerk AG in Magdeburg-Buckau auf einer alliierten Luftaufnahme vom 8. Juli 1944. Hier war im Januar 1944 die Fertigung des Sturmgeschützes IV (Sd.Kfz. 167) aufgenommen worden.

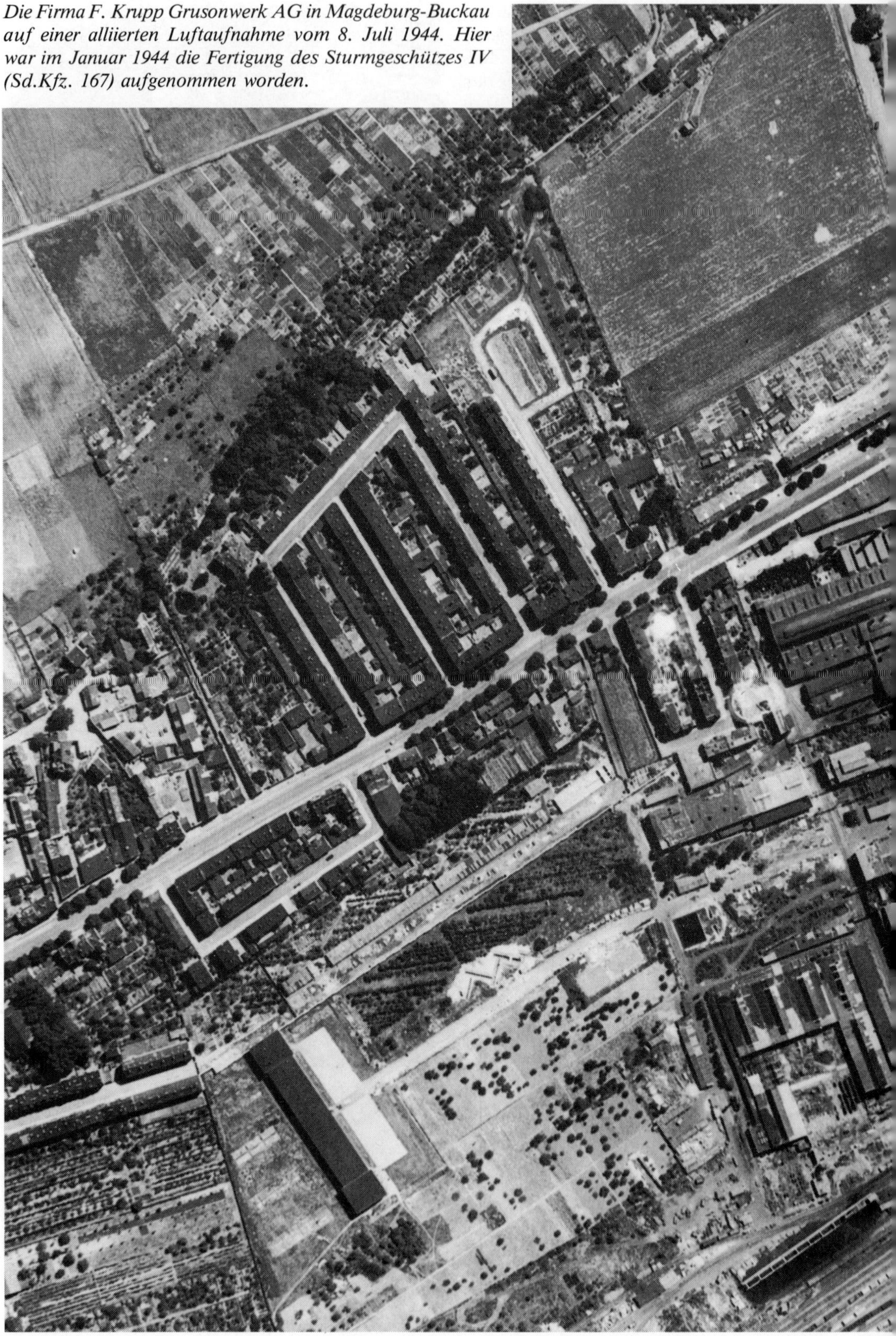

Für das Sturmgeschütz IV konnte der Panzeraufbau des Sturmgeschütz III fast unverändert übernommen werden. Das Grusonwerk wurde 1944/45 insgesamt fünfmal bombardiert, ohne die Endmontage nachhaltig behindern zu können. 1944 kamen 1006 und 1945 noch einmal 105 Sturmgeschütze IV zur Auslieferung (die letzten drei im April).

Wesentlich stärker wurde die Endmontage von Sturmgeschützen IV in den letzten Kriegsmonaten durch die Zerstörung der Eisenbahnverbindungen beeinflußt. Die Aufbauten kamen von den Brandenburgischen Eisenwerken, Brandenburg/Havel. Wannen lieferte Böhler in Kapfenberg, das Eisenwerk Oderdnau in Linz und Krupp in Essen.

An der Grenze der Leistungsfähigkeit

Ende 1944 wurde immer offensichtlicher, daß das Sturmgeschütz, wie es zu dieser Zeit in großer Zahl bei der Truppe war, waffen- und fahrzeugtechnisch nicht mehr allen Anforderungen genügen konnte. Die 7,5-cm-Sturmkanone 40 L/48 war vor über zwei Jahren eingeführt worden. Die Panzertruppen der Gegner Deutschlands hatten in diesem Zeitraum eine beachtliche Weiterentwicklung erfahren. Das betraf die Technik, die Zahl der Panzer und die Art und Weise ihrer Verwendung. Hinzu kam, daß wirksame Panzerabwehrkanonen in allen Armeen eingeführt wurden; die Infanterie erhielt ebenfalls Panzerabwehrwaffen mit großer Durchschlagsleistung. Nicht zu vergessen die ständige Bedrohung durch Jagdbomber aus der Luft.

An der Westfront setzten die Amerikaner ihren wichtigsten Panzertyp, den M 4 und seine Abarten (»Sherman«), verstärkt mit einer leistungfähigen 76-mm-Kampfwagenkanone ein. Die Waffe konnte auf 914 m Entfernung mit der Panzergranate 88 mm Panzerstahl durchschlagen (bei einem Auftreffwinkel von 60 Grad). Das HVAP-Geschoß brachte es sogar auf 133 mm. Im vorderen Bereich schützte den Kampfwagen eine 60 bis 100 mm dicke Panzerung. Einzelne Modelle wiesen Panzerstärken von 135-150 mm auf.

Die englischen Panzertruppen brachten verschiedene Panzermodelle mit der 17 pdr (76,2 mm) Kanone zum Einsatz, die auf 475 m 120-186 mm Panzerstahl glatt durchschlagen konnte.

Auszug aus einem Bericht, vom 16. Februar 1944, über die Sturmgeschützbrigade 239, der typisch für den Einsatz der Sturmgeschützwaffe im letzten Drittel des Zweiten Weltkrieges ist: »Ein Einbruch mehrerer T-34 in den äußerst wichtigen Ort Schilki wird, nachdem die beiden dort eingesetzten Bataillone fluchtartig ihre Stellungen räumten, durch den Unteroffizier Dienemann mit seinem Geschütz unter Abschuß von fünf Panzern bereinigt«.

Die Sturmgeschützbrigade 667 war bereits am 24. Juni 1942 in Jüterbog aufgestellt worden. Sie ging aus der Sturmgeschützbatterie 667 hervor und führte als Truppenkennzeichen das Einhorn. 1944 war sie bei der 9. Armee im Osten, im Dezember 1944 nahm als Sturmartilleriebrigade 667 an der Ardennenoffensive teil. Bereits am 14. November 1943 war dieser Verband mit dem 1000ten Panzerabschuß seit 1942 im Wehrmachtsbericht gemeldet worden.

Das während der Kämpfe bei Tscherkassy am 12. April 1944 abgeschossene und später geborgene Sturmgeschütz des Ritterkreuzträgers, Oberleutnant Oberloskamp, Chef der 1./Sturmgeschützbrigade 667 auf dem Kasernengelände in Mogiljew. Schwere Artillerietreffer haben Panzerwanne und Aufbau getroffen.

Im Verlauf der schweren Kämpfe um den alliierten Landekopf in Anzio-Nettuno auf dem italienischen Kriegsschauplatz, Februar 1944 kamen keine Sturmgeschützeinheiten zum Einsatz. Die hier verwendeten Sturmgeschütze gehörten zur Panzerabteilung 103 (3. Panzergrenadierdivision), zur Panzerabteilung 129 (29. Panzergrenadierdivision) und zur Panzerabteilung 301 (FKL) und damit zur Panzertruppe. Hinzu kam die Fallschirm-Panzerdivision »Hermann Göring« der Luftwaffe.

Der Einsatz von Sturmgeschützen, wie hier im Bild in den Trümmern der Stadt Cassino, entsprach zwar nicht dem Wesen dieser Waffe, verstärkte allerdings die Widerstandskraft des Fallschirmjägerregiments 3. Bei einem heftigen alliierten Luftangriff am 15. März 1944 gingen im Stadtgebiet von fünf Sturmgeschützen vier verloren.

Diese Sturmhaubitze erhielt Treffer aus englischen Panzerabwehrgeschützen am Wannenbug, der Mündungsbremse und Rohrwiegenpanzerung. Aufnahme vom Frühjahr 1944, Italien.

Bei der Eröffnung der alliierten Front in der Normandie am 6. Juni 1944 befanden sich in Frankreich die Sturmgeschützbrigaden 341 und 394 des Heeres, die Sturmgeschützbrigade XII der Luftwaffe und die SS-Sturmgeschützabteilungen 1 und 2 (1. und 2. SS-Panzerdivision). Weitere Sturmgeschütze waren bei einigen Panzer- und Panzergrenadierdivisionen. Die alliierte Luftüberlegenheit behinderte die Beweglichkeit der Sturmgeschützeinheiten erheblich.

Von den 248 Sturmgeschützen, die am 10. Juni 1944 für den Westen gemeldet worden sind, ist die Masse verlorengegangen. Ein Großteil der Verluste war das Ergebnis heftiger Jagdbombenangriffe. So brachte die Sturmgeschützbrigade XII nur eine Sturmhaubitze zurück.

Ab September 1944 wurden Teile der Sturmgeschützbrigade 280 gegen die 1. britische Fallschirmjägerdivision eingesetzt, die in Arnheim gelandet war. Die Sturmgeschützzüge kamen einzeln und mit Unterstützung von Sturmpionieren im Straßenkampf zum Einsatz. In einem Fall bootete eine kopflos gewordene Sturmgeschützbesatzung nach Beschuß mit der 6 pdr (57 mm) Panzerabwehrkanone aus und überließ den Fallschirmjägern ihr Fahrzeug.

Sturmhaubitze III, Ausführung G (Sd.Kfz. 142/2). Hierbei handelt es sich um eine frühe Ausführung mit kastenförmiger Rohrwiegenpanzerung und Mündungsbremse. Beachte die Zusatzpanzerung.

Sturmhaubitze III, Ausführung G (Sd.Kfz. 142/2), Ausführung ohne Mündungsbremse. Sie entfiel laut »Heerestechnischen Verordnungsblatt« Nr. 635 vom September 1944. Das Rohr der Sturmhaubitze wog 726 kg, wovon 31 kg auf die Mündungsbremse entfielen.

Eine Sturmhaubitze III der 1./Sturmgeschützabteilung 280 in Jüterbog. Der Verband fand ab Herbst 1943 an der Ostfront verwendung. Ein Jahr später erfolgten Einsätze in Arnheim und südwestlich Tilburg (Holland). Gut zu erkennen der »Zimmerit« Schutzanstrich.

Nach einem Erfahrungsbericht der 29. Panzergrenadierdivision vom 26. Oktober 1944 aus Italien waren »...Sturmgeschütze in der Abwehr das beste Rückgrat der Infanterie. Wo sie stehen, da steht auch die Infanterie!« Die Panzerabteilung 129 dieser Division hatte drei Sturmgeschützkompanien.

Sturmgeschütze IV der Sturmgeschützkompanie einer Panzerjägerabteilung in Griechenland. 1944 führten diese Abteilungen, im Bestand von Infanteriedivisionen in der Regel eine Kompanie Sturmgeschütze III oder IV.

Das Sturmgeschütz IV (Sd.Kfz. 167) hatte ein Gefechtsgewicht von 23 Tonnen. Durch die Verwendung der Panzer IV-Wanne war das Fahrzeug etwas geräumiger. 63 Granatpatronen für die 7,5-cm-Sturmkanone 40 ließen sich mitführen. Auch hier auffällig die improvisierte Verstärkung der 80 mm starken Frontpanzerung durch Panzerplatten und Beton.

Gut zu erkennen sind auf diesem Bild die Unterschiede in der Gestaltung der Deckenpanzerung des Aufbaus beim Sturmgeschütz IV. Vor der Luke des Ladeschützen die verschlossene Halterung für das fernbediente Rundumfeuer-Maschinengewehr und die Öffnung für die Nahverteidigungswaffe. Die Auslieferung der beiden für die Sturmgeschütze so wichtigen Waffen kam nur stockend in Gang.

Aufstellung der Sturmgeschützabteilung 276 auf dem Truppenübungsplatz Altengrabow im Sommer 1943. Ihre Verwendung erfolgte bei der Heeresgruppe Mitte im Osten.

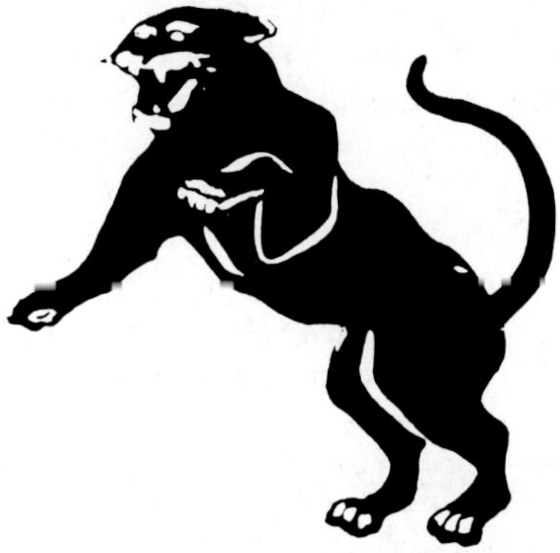

Das Truppenkennzeichen der Sturmgeschützabteilung 276

Rückzug über den Dnjepr. Die Sturmgeschütze der »Panther«-Abteilung gehen auf einer Fähre über den Fluß.

Sturmgeschütze der Sturmgeschützabteilung 276 mit verlasteter Infanterie auf dem Marsch. Zwischen den Selbstfahrlafetten ein Gleiskettenlastkraftwagen 2 t »Maultier« (Sd.Kfz. 3) der Munitionsstaffel.

Auffällig ist der Tarnanstrich, der in der Sturmgeschützabteilung 276 bei ihren ersten Einsätzen verwendet wurde.

Dieses Sturmgeschütz hat in einem Minenfeld beim Zerknall einer Panzermine die Kette verloren. Um den Schaden beheben zu können, mußte zuerst die Panzerschürze abgenommen werden (siehe Wannenbug). In diesem Fall war der Angriff einzustellen, bis Pioniere unter dem Feuerschutz der Sturmgeschütze eine Gasse geräumt hatten.

Unter heftigem Beschuß wird hier ein Sturmgeschütz der »Panther«-Abteilung aufmunitioniert. Aufnahme aus dem Winter 1943/44.

Ende Januar 1944 wurde ein Sturmgeschütz der 3./Sturmgeschützabteilung 276 in der Nähe der Rollbahn Kowno Korosten von einem deutschen Panzerzug aus 2-cm-Flugabwehrkanonen beschossen, wobei eine Panzergranate die Motorabdeckung durchschlug und die Antriebsanlage beschädigte.

Die Sturmgeschützabteilung 276 wird im Eisenbahntransport verlegt. Festgezurrte Planen sollten empfindliche Teile der Sturmgeschütze vor Staub und Feuchtigkeit schützen.

Auf der Rollbahn. Aufnahme von der 3./Sturmgeschützabteilung 276. Februar 1944 im Osten.

Ein Sturmgeschütz der 3./Sturmgeschützabteilung 276 brach beim Überqueren einer Holzbrücke ein und überschlug sich beim Versuch, es herauszuziehen.

Vorbereitung zum Abschleppen eines Sturmgeschützes. Wurde dafür ein anderes Sturmgeschütz eingesetzt, war ein möglichst langes Seil zu verwenden, das über Kreuz angebracht werden mußte. Das ermöglichte in den Kurven ein besseres Fahren. Für ein selbsttätiges Herausziehen konnten auch Baumstämme und starke Balken verwendet werden.

Das Sturmgeschütz II, Ausführung G, mit der taktischen Nummer 333 gehörte im Januar 1944 zum dritten Zug der 3./Sturmgeschützabteilung 276. Die Kommandantenkuppel hat noch keinen Stahlabweiser.

Zugkraftwagen des Bergetrupps schleppen ein Sturmgeschütz III ab. Vorgespannt ein Zugkraftwagen 12 t (Sd.Kfz. 8), dahinter ein üblicherweise dafür verwendeter Zugkraftwagen 18 t (Sd.Kfz. 9).

Eine Sturmhaubitze der Sturmgeschützabteilung 276.

Ab August 1944 wurde die neu aufgestellte 276., nun unter der Bezeichnung Sturmgeschützbrigade in Ostpreußen eingesetzt. Beachte das taktische Zeichen zur Unterscheidung der Batterien und Züge auf der Panzerschürze.

Nach dem Kriegsstärkenachweis vom Juni 1944 sollte jede Sturmgeschützbatterie über eine Begleit-Grenadierbatterie verfügen. Sie wurden bevorzugt mit modernen Waffen, wie dem Sturmgewehr ausgerüstet (vgl. Bild) und sollten in erster Linie die Nahsicherung der Sturmgeschütze in allen Phasen des Gefechts übernehmen und so die Infanterie von dieser Verpflichtung freimachen.

Ein Sturmgeschütz III mit dem Rundumfeuer-Maschinengewehr. Die Aufnahme entstand im Januar 1945 an der Ostfront.

Das letzte Kriegsjahr

Die Kardinalfrage blieb für die Sturmartillerie im letzten Kriegsjahr, wie konnte der zunehmenden Panzerflut der alliierten Armeen Einhalt geboten werden. Dafür benötigten die Sturmgeschütz- und Sturmartilleriebrigaden des Heeres Sturmgeschütze mit einer leistungsfähigeren Bewaffnung. Bis zum August 1945 sollte die Fertigung der Sturmgeschütze III und IV auslaufen. Dafür war eine wesentliche Erhöhung der Auslieferung von Jagdpanzern 38 »Hetzer« vorgesehen. 1944/45 vom 7. November 1944 ist für den Juli 1945 die Zahl von 1300 Fahrzeugen angegeben. Für diesen Monat war auch der Serienanlauf des Jagdpanzer 38 (Dieselmotor) mit fünf Stück festgelegt. Fertigungshochlauf bis zum Dezember 1945 auf 800 Fahrzeuge. Die Entwicklung eines Jagdpanzers mit Dieselmotor erfolgte unter dem Eindruck einer zunehmenden mangelhaften Versorgung der Truppe mit Vergaserkraftstoff. Am 19. März 1945 forderte Guderian sogar die sofortige Umstellung auf Dieselmotoren. Der Jagdpanzer 38 (Diesel) sollte mit der 7,5-cm-Panzerjägerkanone 39 L/48 bestückt werden, deren Leistungen sich nicht von denen der 7,5-cm-Sturmkanone 40/L/48 unterschieden. Vorgesehen war auch der Einbau der 7,5-cm-Panzerjägerkanone 42 L/70. Diese Waffe konnte mit der 7,5-cm-Panzergranate 39/42 auf 500 m 124 mm Panzerstahl durchschlagen (Auftreffwinkel 60 Grad). Für die 7,5-cm-Panzergranate 40/42 ergab sich ein Wert von 174 mm. Beide Ausführungen des Jagdpanzer 38 wären die Panzerfahrzeuge gewesen, die in der zweiten Hälfte des Jahres 1945 im zunehmenden Umfang das Bild der Sturmartillerieeinheiten geprägt hätten. Wie unrealistisch die Planungsvorgaben waren, zeigt die Tatsache, daß vom Januar 1945 bis zum Kriegsende nur rund 1200 Jagdpanzer 38 hergestellt wurden (Februar 401 + 5 Reparaturfahrzeuge, März 301 + 12 Reparaturfahrzeuge). Im gleichen Zeitraum sind noch einmal 1133 Sturmgeschütze III und IV zur Auslieferung gekommen. (Februar 231 + 20 Reparaturfahrzeuge, März 322 + 26 Reparaturfahrzeuge). Auch bei den Zugkraftwagen entwickelte sich die Lage katastrophal; insgesamt 26 Fahrzeuge sind monatlich für die Ausstattung der Sturmgeschützverbände als Bedarf angemeldet worden. Die Bedarfsdeckung lag bei weniger als 50 Prozent. Eine gewisse Entspannung ergab sich hier aus der Entwicklung und Lieferung von Bergepanzern.

Im Frühjahr 1945 zeigten sich in den Sturmgeschütz- bzw. Heeresartilleriebrigaden zunehmend die für das fünfte Kriegsjahr typischen

Für Anfang März 1945 ergaben sich folgende Sturmgeschützbestände: 3067 Fahrzeuge mit 7,5-cm-Sturmkanonen 40 L/48, 577 Fahrzeuge mit 10,5-cm-Sturmhaubitze 42 L/28. Beachtlich war der Bestand an Sturmgeschützen mit 7,5-cm-Sturmkanone L/24, immerhin noch 224 Fahrzeuge.

Der Einsatz der Sturmartillerie litt im Frühjahr 1945 unter weiteren Mängeln. Nach einer Notiz der Generalquartiermeisterabteilung des Generalstabs des Heeres vom 14. Januar 1945 mußte im kommenden Frühjahr mit einer noch nicht dagewesenen Verringerung des Munitionsnachschubs gerechnet werden. Für die 7,5-cm-Kampfwagen- und Sturmkanonen ergab sich eine gegenüber dem Herbst 1944 um 62 Prozent verminderte Munitionsbereitstellung. Der Engpaß war die Geschoß- und Hülsenfertigung. Weit kritischer entwickelte sich die Lage bei der Treibstoffversorgung. So teilte das Oberkommando der Wehrmacht am 31. März 1945 der Heeresgruppe Weichsel mit, daß nur 5 Prozent des Versorgungssatzes an Vergaserkraftstoff und 10 Prozent an Dieselkraftstoff zur Verfügung stehen würden. Folgerichtig ist die am 7. April 1945 vorgeschlagene Umgruppierung, besonders der Artillerie der Heeresgruppe abgelehnt worden. »Jeder Tropfen Benzin muß für den Einsatz der Panzerverbände (und der Sturmartillerie) in der großen Schlacht gespart werden.«

Die Geräteverluste in den Sturmgeschützeinheiten hatten sich im Verlauf der Rückzugskämpfe beträchtlich erhöht. Häufig blieben die Fahrzeuge mit geringfügigen Schäden liegen und konnten auf Grund fehlender Bergemittel nicht abgeschleppt werden. Damit zählten sie zur Kategorie Totalverluste. 1944 gingen 4490 Sturmgeschütze verloren, davon 3468 an der Ostfront. 1945 waren die Ausstoßzahlen rückläufig, so daß bald ein Mangel an Sturmgeschützen spürbar wurde und die Sturmgeschützeinheiten keine Fahrzeuge mehr als Ersatz erhielten. Bezeichnend für die Situation in den letzten Kriegswochen ist ein Fernschreiben vom 30. April 1945, die Umgliederung von Sturmartillerieeinheiten in Panzerjägerverbände betreffend. Wörtlich wurde mitgeteilt: »Verbände der Sturmartillerie, die ihre Geschütze verloren haben und denen kurzfristig kein Ersatz zugeführt werden kann, sind im Rahmen der zur Verfügung stehenden Nahkampfmittel als Panzerjagdverbände einzusetzen.«

Am 21. Dezember 1944 eröffnete die Rote Armee die 3. Kurlandschlacht mit einem intensiven Feuerschlag ihrer Artillerie. Die Sturmgeschützbrigade 912, die mit ihren drei Batterien im Abschnitt der 11., 205. und 290. Infanteriedivisionen eingesetzt war, trat sofort aus dem Bereitstellungsraum zum Gegenstoß an. Üblicherweise hatten die drei Divisionen einen Abschnitt von 20 bis 35 km zu verteidigen. Das macht deutlich, vor welchen Problemen die Sturmgeschützbrigade bei der Führung und Versorgung ihrer Batterien stand.

Nach einer Weisung für die Kampfführung bei der 5. Panzerarmee im Westen vom 7. Dezember 1944 sollten die Infanteriedivisionen so viele Sturmgeschütze wie möglich mit auf den Weg bekommen, die gegebenenfalls sogar aus den Panzerdivisionen entnommen werden konnten. Sturmgeschützbatterien waren dicht hinter den Angriffsspitzen bereitzuhalten. Erkenntnisse aus dem Kriegsjahr 1941 wurden in einer allenthalben von Mangelerscheinungen gekennzeichneten Wehrmacht wiederentdeckt.

Diese und viele andere Schwierigkeiten begleiteten den Weg der Sturmgeschützwaffe in den letzten Wochen des Zweiten Weltkrieges. Abschließend wäre einzuschätzen: Stellte sich das Sturmgeschütz in den ersten Kriegsjahren als eine wirksame Angriffswaffe der Infanterie dar, so mußte es in dem Maße, wie der Panzerkampfwagen auch in den gegnerischen Armeen zu dem entscheidenden Kampfmittel auf den Schlachtfeldern wurde, den Schutz der Infanterie vor Panzerangriffen übernehmen. Im Kriegsverlauf wandelte sich das Erscheinungsbild des Sturmgeschützes zum Panzerjäger. Trotz großer Erfolge im Einsatz mußte auch die Sturmgeschützwaffe an dieser Aufgabe scheitern. Die Entscheidung über Sieg oder Niederlage in einer Auseinandersetzung wie dem Zweiten Weltkrieg hing nicht von der Effizienz einer Waffe ab, sondern in einem viel stärkeren Maße, und das zeigt die Einsatzgeschichte der Sturmgeschütze sehr deutlich, von den materiellen und personellen Ressourcen der am Krieg beteiligten Staaten.

Das Truppenkennzeichen der Sturmgeschützabteilung 277.

Sturmgeschütze älterer Baureihen befanden sich in den letzten Kriegsmonaten noch vereinzelt bei den Sturmgeschützeinheiten im Fronteinsatz. Hier im Bild zusammen mit zwei Panzerkampfwagen IV (7,5-cm Sd.Kfz. 161/2) bei einem Gegenstoß.

Viel häufiger kamen solche Veteranen von den Sturmgeschütz-Ersatz- und Ausbildungsabteilungen, in deren Werkstätten sie zumindest waffenmäßig auf den neuesten Stand gebracht worden waren. Zur Jahreswende 1944/45 sind solche Alarmbatterien häufig zum Frontersatz gekommen; so verlegte die Sturmgeschütz-Ersatz- und Ausbildungsabteilung 200 am 12./13. Januar 1945 sechs Sturmgeschütze mit kurzen Kanonen in den Raum Warthbrück. Diese Aufnahme entstand 1945 bei Altdamm und zeigt ein Sturmgeschütz III der C-Ausführung, nachgerüstet mit 7,5-cm-Sturmkanone 40 L/48 und »Saukopf« Blende.

Diese Bildfolge zeigt, wie eine gepanzerte Selbstfahrlafette, Sturmgeschütz 7,5-cm-Kanone, Ausführung G, am 10. Februar 1945 mit hoher Geschwindigkeit eine Ortschaft im Raum Angermünde durchfährt. Übrigens sollte zur Schonung der Lenkbremsen die Spitzengeschwindigkeit auf brauchbaren Straßen 22 km/h nicht überschreiten.

Am 10. April 1945 waren 1053 Sturmgeschütze III und 198 Sturmhaubitzen bei der Fronttruppe, davon standen 812, bzw. 157 an der Ostfront und nur 54 bzw. 41 Fahrzeuge im Westen.

Die Sturmgeschützbrigade 243 unter Hauptmann Rübig war im März und April 1945 in der Jägerkaserne in Potsdam erneut zur Aufstellung gekommen. Weil es zunächst an Sturmgeschützen fehlte, waren die 2. und 3. Batterie für den infanteristischen Einsatz vorgesehen. Sie erhielten dann jedoch vermutlich die letzten Sturmgeschütze, die bei Alkett die Werkhallen verließen, direkt zugeführt und verfügten zu Beginn des Einsatzes bei der 12. Armee (Wenck) sogar über 35 Sturmgeschütze und -haubitzen. Die drei letzten Fahrzeuge wurden am 20. April 1945 zugewiesen (ohne Farbanstrich).

Aus den zerschlagenen Abteilungen 278 und 322 wurde an der Sturmgeschützschule Burg die Sturmgeschützbrigade 1170 aufgestellt. Zugewiesen wurden bis zum 6. April 1945 31 Sturmgeschütze, die in Berlin-Spandau abgeholt werden mußten (19 Stück). Ab 13. April unterstand die Brigade dem Armeeoberkommando 12 und war an den schweren Kämpfen südwestlich von Berlin beteiligt. Am 28.04.1945 verfügte sie noch über 14 einsatzbereite Sturmgeschütze.

Ein Sturmgeschütz III, Ausführung E mit der 7,5-cm-Sturmkanone 40 nach Abschluß der Straßenkämpfe in Berlin im Mai 1945.

Die Sturmgeschützbrigade 276 unterstand Anfang März 1945 der 4. Panzerdivision und war im Raum Danzig eingesetzt.

Zerschlagene Versorgungstruppen einer Sturmgeschützbrigade. Gleisketten, Lastkraftwagen 2 t »Maultier« (Sd.Kfz. 2) wurden in den Munitionsstaffeln der Batterien verwende. Aufnahme vom Frühjahr 1945, Ostfront, Raum Danzig.

Bilder vom Einsatz der Heeressturmartilleriebrigade 311 in der Lausitz, Ende April 1945. Hier hatte die Brigade an den erfolgreichen Angriffen auf Bautzen und Weißenburg teilgenommen. Bis zum 6. Mai 1945 ist der Verband auf den Bahnöfen Dresden-Klotzsche und Radebeul verladen und zur Heeresgruppe Mitte abtransportiert worden. Teile der Brigade erhielten in Teplitz-Schönau die Nachricht von der Kapitulation.

Im Bestand der Heeresgruppe Mitte (Schörner) erleben am 8. Mai 1945 die Angehörigen der Sturmgeschützbrigaden 236, 300, 301 und 311 sowie der Sturmgeschützbrigade »Großdeutschland« die Kapitulation der Deutschen Wehrmacht in Böhmen und Mähren. Dazu müssen auch die Splittergruppen anderer Einheiten gezählt werden.

Jagdpanzer 38 »Hetzer« der Heeressturmartilleriebrigade 236 nach der Kapitulation in der Nähe von Teplitz-Schönau.

Verschrottung deutschen Kriegsmaterials; vorn ein Sturmgeschütz (gut zu erkennen der Geschützsockel und die Rohrwiegenpanzerung), dahinter Jagdpanzer IV und 38.

Im Juni 1949 wurde im Oderbruch, in der Nähe der Ortschaft Gorgast dieses Sturmgeschütz IV von Mitarbeitern der Brandenburgischen Bergungs AG gesprengt. Es war während der Kämpfe im April 1945 in ein eigenes Minenfeld geraten.

Am 15. Februar 1986 ist dieses Fahrgestell eines Sturmgeschützes III, aus einem alten Oderarm in der Nähe von Wriezen geborgen worden. Im April 1945 kämpfte in diesem Raum die 25. Panzergrenadierdivision. Laut einer Meldung der Heeresgruppe Weichsel vom 6. April 1945 verfügte diese Division zu diesem Zeitpunkt, unter anderem über 38 Sturmgeschütze III, wovon 32 einsatzbereit gewesen sind.

In den Jahren nach dem Krieg waren alle Teile des Panzergehäuses, die aus dem Wasser ragten abgetrennt worden. Fahrgestell und Teile des Kampfsatzes konnten erst 1985 geborgen werden. Gut zu erkennen sind hier der Geschützsockel und das seitlich versetzt angeordnete ZF SSG 77 Aphon-Schaltgetriebe.

Ein Relikt aus den Kämpfen um die »Harzfestung« im April 1945. Die linke Seite vom Panzeraufbau eines Sturmgeschüztes III. Es wurde im Mai 1997 in der Nähe von Schierke am Fuße des Brocken geborgen.

Diese Sturmgeschütz III war im Sommer 1944 in der Normandie verlorengegangen. Das Panzergehäuse befindet sich heute im Militärhistorischen Museum in Dresden. Bemerkenswert: Die Verstärkung der oberen Frontpanzerung des Aufbaus mit Beton.

Bulgarien hatte 1943/44 insgesamt 55 Sturmgeschütze aus deutscher Fertigung erhalten und damit zwei Sturmgeschützabteilungen aufgestellt. Eins der Fahrzeuge steht heute im bulgarischen Armeemuseum in Sofia.

Finnland erhielt zwischen dem Juni 1943 und dem August 1944 59 Sturmgeschütze und -haubitzen aus Deutschland. Einige der damals gelieferten Fahrzeuge befinden sich heute im finnischen Panzermuseum in Parola. Andere wurden an Museen im Ausland abgegeben oder gehören wie das hier gezeigte Fahrzeug privaten Sammlern (Bob Fleming/GB).

Dieses vorbildlich restaurierte Sturmgeschütz III, Ausführung G, kam ebenfalls aus finnischen Beständen.

Es gehört heute zum Sammlungsbestand des Militärhistorischen Museum in Dresden.

Front- und Seitenansicht des gleichen Sturmgeschützes. Die beiden Antennenfüße an der hinteren Aufbauwand lassen auf eine frühere Verwendung als Führungsfahrzeug schließen.

Die folgenden Bilder entstanden während einer nachgestellten Erprobung des Sturmgeschützes auf dem Gelände der früheren Kraftfahrversuchsstelle Kummersdorf.

Beim Überwinden der Kletterstufe.

Die Erinnerung an die Sturmgeschützwaffe verbindet sich mit Erkenntnissen über eine bemerkenswerte waffentechnische Entwicklung des Zweiten Weltkrieges. Sie hat diesem Krieg, ähnlich der Panzerwaffe, in vielen Bereichen ein spezifisches Gepräge gegeben.

Quellen- und Literaturverzeichnis (Auswahl)

H.Dv. 200/2 m — Ausbildungsvorschrift für die Artillerie, Heft 2 m. Die Sturmgeschützbatterie, Berlin 1942.

H.Dv. 469/3 c — Panzerabwehr aller Waffen, Berlin 1942.

H.Dv. 481/57 — Merkblatt für die Munition der 7,5-cm-Kampfwagenkanone und des Sturmgeschützes 7,5-cm-Kanone, Berlin 1940.

H.Dv. 481/58 — Merkblatt für die Munition der 7,5-cm-Sturmkanone 40 und die 7,5-cm-Kampfwagenkanone, Berlin 1944.

D 652/45 — Sturmgeschütz 7,5-cm-Kanone, Ausführung A und B, vorläufige Justieranweisung, Berlin 1940 (Nachdruck 1944).

D 693/9 — Vorläufige Beschreibung und Umbauanleitung des Funkgerätes in der gepanzerten Selbstfahrlafette für Sturmgeschütz (Ausführung E), Berlin 1942.

Merkheft — Gepanzerte Selbstfahrlafette für Sturmgeschütz 7,5-cm-Kanone (Sd.Kfz. 142), Merkheft für Kraftfahrzeugausbildung, Jüterbog 1942.

Merkblatt — Munitionsmerkblatt 3 (Sturmgeschütz), Berlin 1943.

Merkblatt — Merkblatt für den Wintereinsatz von Sturmgeschützen, Jüterbog 1943.

Merkblatt — Die Sturmbatterie-Einsatz- und Ausbildungsmöglichkeiten, zusammengestellt durch Offz. der VI. Lehrabteilung, o.O.o.J.

Merkblatt — Merkblätter für Artillerie Nr. 34 - Richtlinien für den Einsatz der Sturmgeschützeinheiten, Berlin 1942.

Merkblatt 18/10 — Was muß der Grenadier vom Sturmgeschütz und Panzerjäger wissen?, o.O. 1943.

Geräteverzeichnis — Vorläufiges Geräteverzeichnis Kraftfahrgerät Teil 3 Fahrgestell Sturmgeschütz (7,5-cm) (Sd.Kfz. 142), Heft 34, Berlin 1944.

Guderian, H. — Erinnerungen eines Soldaten, Stuttgart 1986.

Günter, H. — Erinnerungen an ernste und heitere Stunden der Sturmbrigade 277, o.O., o.J.

Gruss, H. — Die deutschen Sturmbataillone im Weltkrieg, Berlin 1939.

Halder, F. — Kriegstagebuch, Bd. 2 und 3, Stuttgart 1963/64.

Kurowski, F.
Tornau, G. — Sturmartillerie, Stuttgart 1978.

Kröhne, W. — Tagebuch der Sturmgeschützbrigade 190, Düsseldorf 1955.

Lindenberg, G. — Die Abwehrkämpfe 1945 an der Oder und in Mecklenburg unter besonderer Berücksichtigung der Sturmgeschützbrigade 210, Stuttgart 1986.

Spielberger, W.J. — Sturmgeschütze, Stuttgart 1991.

Regeniter, A. — »Panzer auf 8 Uhr...«, Rastatt o.J.

Thomas, F. — Sturmartillerie im Bild 1940-1945, Osnabrück 1986.

Ziesen, K. — Dreieinhalb Jahre bei der Sturmartillerie - Kriegstagebuch und Erinnerungen, Lüdenscheid o.J.